Bruno P. Kremer

Blütengeheimnisse

Haupt

Bruno P. Kremer

Blütengeheimnisse

Haupt
NATUR

WWW

Blüten experimentell: Auf der Website www.haupt.ch stehen
20 Versuchsanregungen für Schule und Unterricht zur Verfügung.

Zum Autor:
Bruno P. Kremer studierte Biologie und Chemie. Nach jahrelanger Feld- und Laborforschung zu Problemen der biochemischen Grundlagen ökologischer Anpassung lehrte er am Institut für Biologie und ihre Didaktik der Universität zu Köln. Er veröffentlichte zahlreiche erfolgreiche Natursach- und -erlebnisbücher.

Gestaltung und Satz: pooldesign.ch

1. Auflage: 2013

Bibliografische Information der Deutschen Nationalbibliothek:
Die Deutsche Nationalbibliothek verzeichnet diese Publikation in der Deutschen Nationalbibliografie; detaillierte bibliografische Daten sind im Internet über http://dnb.d-nb.de abrufbar.

ISBN 978-3-258-07782-6

Printed in Germany

www.haupt.ch

FSC www.fsc.org MIX Papier aus verantwortungsvollen Quellen FSC® C004592

Inhalt

1 **Durch die Blume** 8
Flora – Farbe, Freude, Faszination 14
Kleiner Ausdruck großer Eindrücke 17
Vom Objekt zum Symbol 20
Blumen in der Wappenzier 22
Gelüftete Geheimnisse 24
Zauber oder Entzauberung? 29

2 **Bei den Farnen fing es an** 30
Erste Annäherungsversuche 35
Vom Einfachen zum Komplexen 36
Der Schlüssel zum Verständnis 38
Wie Farne ihre Sporen geben 40
Generationen lösen sich ab 42
Ein Missing Link der Schweizer Alpen 43
Fortschritt auf dem Weg zur Blüte 45
Blüten- oder Samenpflanzen? 49
Blüten und Blumen 52

3 **Blütenarchitektur – ein kleiner Überblick** 56
Blüten sind nur Blätter 61
Im Grunde ganz einfach 63
Blümchensex hinter Kelch und Krone 66
Früher Fruchtblatt, später Früchtchen 69
Alle auf dem rechten Platz 72
Achsen, Winkel und Etagen 74
Ein geheimer Code? 81

4 **Formen, Fülle, Vielfalt** 86
Blüten im Kollektiv 91
Organe im Verbund 94
Die Sache mit der Symmetrie 97
Hülle in Fülle 104
Vorbilder aus der Natur 106
Umbau von Köpfen 108
Das untere und obere Ende der Skala 110
Blüten gliedern das Jahr 114

5 Stäube und Bestäubte 118

Basiskonzept Fremdgehen 123
Jetzt wird es ziemlich staubig 125
Wasserspiele 127
Erbgut als Massenwurfsendung 130
Mancherlei Muster und Modelle 131
Vorgeformte Sollbruchstelle 134
Kleine Wunderwerke 137
Luken oder Schlitze 138
Zweckfreie Ästhetik? 139
Vom Winde verweht 140
Segelflug mit Tauchmanöver 143
Vorstoß ins Innere 149
Zoophilie – eine tierisch gute Beziehung 150
Gar nicht so einfach 152
Ein Blick auf die Gästeliste 155

6 Freundschaft mit Folgen 160

Nahrhaftes Knabberzeug 165
Borsten, Bürsten, Fegewerkzeug 169
Von Puderquasten und Staubpumpen 172
In der ersten Reihe sitzen 174
Erschütternde Szenen 177
Süße Verführung 178
Ausflugslokal mit Tankstelle 179
Dessertschale oder Nektartütchen 182
Die eigene Ölquelle 190

7 Farben, Düfte und sonstige Verlockungen 192

Was Blüten im Schilde führen 197
Die Chemie muss stimmen 198
Das Prinzip Zielscheibe 202
Weniger scheinen als sein 206
Immer auf die Linie achten 208
Farben, die wir nicht sehen 211
Dufte Typen 212
Kidnapping mit Kesselfallen 216
Blumige Verführung 217
Nachtasyl und Wärmeinsel 219
Stilblüten und Blütenstile 221
Einladung an Auserwählte 225
Kundentäuschung mit Mogelpackung 228
Ein wenig Verhütungsbiologie 231

Anhang

Ausgewählte Literatur 236
Bildnachweis 241
Register 242

An Blumen freut sich mein Gemüte,
und ihren Rätseln lausch ich gern.
Wie nah sie uns durch Duft und Blüte,
und durch ihr Schweigen doch so fern.

Nicolaus Lenau
in seinem Versepos Savonarola (1837)

1 Durch die Blume

Vorhergehende Doppelseite:
Blumen sprechen an – Auge und Seele gleichermaßen.

Massenblüte lässt Landschaften in Farbe versinken: Klatsch-Mohn *(Papaver rhoeas)* in der Feldflur.

Den grünen Pflanzen kommt in unserem Leben eine zentrale und geradezu grundsätzliche Bedeutung zu. Immerhin sind sie tatsächlich die Basis unserer Existenz. Einzigartig und unersetzbar ist nämlich ihre Fähigkeit, die beiden einfachen und in der Natur meist reichlich vorhandenen chemischen Verbindungen Wasser (H_2O) und Kohlenstoffdioxid (CO_2) durch Nutzung der Strahlungsenergie des Sonnenlichtes in energiereiche und meist auch nahrhafte Stoffe wie Kohlenhydrate ($C_6H_{12}O_6 = 6 \times C[H_2O]$) und viele andere organische Verbindungen umzuwandeln. Fotosynthese nennt man diesen fantastischen Stoffwechselprozess. Es ist die mit Abstand wichtigste Stoffwechselleistung auf der Erde, denn davon hängt buchstäblich die gesamte restliche Biosphäre ab: Pflanzen liefern direkt oder indirekt die Biomasse für die Ernährung von Tieren und Menschen. So ist zweifellos verständlich, warum die Menschen schon früh Gedanken über das eigentümliche Leben der Pflanzen angestellt haben, nachdem ihnen die unmittelbaren und mittelbaren Abhängigkeiten klarer vor Augen standen. Die Pflanzenkundler, die ess- oder anderweitig nutzbare Pflanzen erforschten und unter anderem Erfolg versprechende Anbaumethoden für die gezielte Produktion entwickelten, nennt man üblicherweise Botaniker. Ihr Fachgebiet, die Botanik, leitet sich sprachlich bezeichnenderweise vom altgriechischen Wort *botane* = Weide, Futterpflanze, Gras oder Heu ab. Die Pflanzenbiologie, wie man sie heute in Abkehr vom eher landwirtschaftlich motivierten Traditionsbegriff gerne zitiert, hat sich unterdessen allerdings längst vom rein angewandten Tun gelöst und in unglaublich fein verzweigte Bündel zahlreicher Spezialdisziplinen aufgefasert. Ihr wissenschaftlicher Ertrag ist überwältigend: Im Ergebnis kennt man heute wirklich alle wesentlichen Details im Aufbau von Zellen sowie Gewebe der Pflanzen und kann die für die Ernährung oder Gesundheitsfürsorge bedeutsamen Inhaltsstoffe der Nutzpflanzen chemisch bis aufs Mikrogramm genau angeben. Gewiss vermag dieses beachtliche und bis in die kleinsten molekularen Winkel ausgelotete Wissen über Pflanzen außerordentlich zu faszinieren. Aber: Was ist schon die in zunächst doch ziemlich nichtssagende Buchstabenfolgen verpackte Nukleotidsequenz eines Schaltgens für die Krümmung bestimmter Blatthaare gegen den Anblick und den Duft einer wunderbaren Blume? Tabellen und Zahlen aus Laborprotokollen schmeicheln unserer Seele nicht unbedingt und sprechen vermutlich auch die Gefühlswelt nicht allzu heftig an. Bei einer Blume liegen die Dinge dagegen völlig anders – sie erreicht absolut zuverlässig unser Gemüt, wie Nicolaus Lenau zutreffend festhält.

Hochbetrieb im Frühlingsgarten: Bienen an Garten-Krokus *(Crocus chrysanthus)*

Flora – Farbe, Freude, Faszination

Blüten sind spektakuläre Geschöpfe der Natur: Garten-Lilie (*Lilium* sp.).

Blüten verzaubern. Kein Wunder, dass man ihnen im Altertum eine eigene Gottheit widmete. (Orange-rotes Habichtskraut – *Hieracium aurantiacum*)

Wo Blumen blühen, verzaubern sie nachhaltig ihre Umwelt. Blumen verändern das Gesicht der Landschaft und lassen diese flächig in Farbe versinken. Die rund drei Dutzend verschiedenen Grünnuancen einer irischen Hügellandschaft mit oder ohne tief hängende Wolken geben zwar zugegebenermaßen ein ansprechendes und meist auch kalenderblatttaugliches Gesamtbild her, aber eine blumige Wiese oder ein bunter Ackerrain laufen ihr unstrittig den Rang ab. Die Blüte als bewundernswerte und bewunderte Einzelschöpfung der Natur und erst recht die vielköpfigen blumigen Ensembles in der Natur- beziehungsweise Kulturlandschaft sind einfach visuelle Knalleffekte.

Überall im Alltag hat man es mit Pflanzen zu tun. Sie begegnen uns als unauffällige und meist nicht einmal wahrgenommene Winzlinge in den Pflasterfugen, als grüne Spielwiese hinter dem Haus, als Erbsen, Kartoffeln und Möhren im Angebot der Gemüsemärkte sowie als Sträucher und Bäume in Parkanlagen. Auch für die dekorativen Ensembles in den Blumentöpfe auf der heimischen Fensterbank oder die Farbtupfer der Pflanzbeete im ausgedehnten Stadtpark verwenden die Umgangs- und die Fachsprache den Sammelausdruck Flora. Der lateinisch-römische Ursprung dieser Bezeichnung ist unverkennbar. Mit Flora bezeichneten die alten Römer ihre für Blüten und Gärten zuständige Göttin. Nachweislich errichteten sie ihr schon im Jahr 238 v. Chr. im antiken Stadtzentrum Roms nahe beim Circus Maximus einen eigenen Tempel. Konsequenterweise hatte die göttliche Flora im Frühjahr auch ihre eigenen und – glaubt man den antiken Quellen – meist sogar ziemlich heftig begangenen Festtage: Die *Floralia* fanden jedes Jahr zwischen April und Mai statt, wenn auch im mediterranen Süden fast alles in Blüte steht. Nach römischer Auffassung soll die blumige Göttin Flora mit der seinerzeit ebenfalls hochverehrten Ceres verwandt sein, der wachsamen Göttin des Ackerbaus und aller der Ernährung dienenden Pflanzen. Das wäre eine durchaus passende Familienbande.

Somit steht der Begriff Flora seit weit über 2000 Jahren in enger Verbindung zur blühenden Pflanzenwelt. Begrifflich sind damit in vielen modernen europäischen Sprachen diejenigen Wörter eng verwandt, die Blüten beziehungsweise Blumen bezeichnen, beispielsweise flores (spanisch), fleurs (französisch), fiori (italienisch) oder flowers (englisch).

Bereits die reichen Römer konnten sich für Blütenschmuck und deren fruchtige Folgen begeistern: Wandgemälde mit Gartendarstellung aus der Villa der Livia (Ende 1. Jhdt.).

Blumen finden immer unsere Bewunderung – auch oder gerade beim mengenweise vorkommenden Gänseblümchen *(Bellis perennis)*.

Kleiner Ausdruck großer Eindrücke

Soweit es überhaupt schriftliche und/oder bildliche Zeugnisse gibt, haben Blumen in sämtlichen Hochkulturen und zu allen Zeiten eine bewundernde Wahrnehmung erfahren, obwohl Blüten und Blumen im Leben der Pflanzen nur eine vorübergehende und damit zeitlich durchaus begrenzte Erscheinung sind – ein relativ kurzes Übergangsstadium zwischen Keimen, Wachsen, Fruchten, Reifen und Vergehen. Die unstrittige formale Ästhetik, mit der sich fast alle Blumen in Szene setzen, ist nach Aussage der meisten Psychologen gewiss ein höchst subjektives und besonders durch die kulturelle Vorformung des Wahrnehmenden entscheidend mitgeprägtes Empfinden. Andererseits muss es aber nachdenklich stimmen, dass die Menschen offenbar nicht die einzigen Fans der florierenden Flora sind. Nicht wenige Tiere nehmen Blüten und Blumen umso eher wahr und reagieren darauf mit gezielter Hinwendung, je eher diese auch unser eigenes Formempfinden ansprechen. Blüten und Blumen hat die Evolution aber sicherlich nicht primär für die Menschen entwickelt. Sie stehen in einem gänzlich anderen Funktions- beziehungsweise Bedeutungszusammenhang. Erst die menschliche Kultur

Eine wunderschöne Blume zieht immer die Blicke auf sich: Herbst-Anemone *(Anemone japonica)*.

Die reiche Blüte der Schlehe *(Prunus spinosa)* verkündet das Winterende.

hat sie aus ihrem biologischen Auftrag gelöst und zur dekorativen Zutat für mancherlei Anlässe instrumentalisiert.

Die Ursprünge solcher Vorlieben verlieren sich zugegebenermaßen im diffusen Dämmer der Vorgeschichte. Grundmotiv sind aber immer die gerade mit den Blumen verknüpften Gefühlsregungen. Nichts vermag offenbar die emotionalen Schwingungen und Sehnsüchte der Menschen intensiver auszudrücken als Blumen – entweder als kostbares Einzelstück oder als sti(e)lvoller Blumenstrauß, als Gebinde, Girlande oder Kranz. Man schenkt Blumen als Willkommengruß und zum Abschied.

Mit Blumen transportiert man formvollendet Glückwünsche, Freude, Bewunderung und in jedem Fall eine Menge Mitgefühl. Mit Blumen gibt die oder der Schenkende ein Stück Seele – an Mütter, Geliebte, Freunde, Kranke oder sonst wie bedenkenswerte Mitmenschen. So mancher kleine oder große Strauß hat dabei sogar Weltgeschichte geschrieben. Queen Victoria schenkte Prinz Albert noch vor der Hochzeit eine Blume, für die der darob Hochbeglückte spontan einen Schlitz in seinen Rockaufschlag schnitt.

Joséphine steckte Napoleon beim ersten Zusammentreffen einen Veilchenstrauß zu. Diese kleine Pflanze hielt der Grand Empereur fortan in besonderen Ehren, und später avancierte sie gar zum Wahrzeichen der Bonapartisten. Die rote Nelke im Knopfloch – heute stark aus der Mode gekommen – war lange Zeit ein offenbar unverzichtbares Attribut der Sozialistenaufmärsche zum 1. Mai.

Die Blüte des Acker-Stiefmütterchens *(Viola arvensis)* erweist sich in der Nahperspektive als komplex aufgebautes Gebilde.

Vom Objekt zum Symbol

In seinem berühmten um 1445 entstandenen «Altar der Stadtpatrone»(auch Dreikönigsaltar genannt) einem der bedeutendsten Ausstattungsstücke im Kölner Dom und zweifellos auch ein hervorhebenswertes Meisterwerk spätmittelalterlicher Tafelmalerei, hat der Maler Stefan Lochner (zirka 1410–1451) bemerkenswert kenntnisreich mehrere Dutzend blühender Pflanzenarten dargestellt, und zwar nicht allein als schmückende Zutat wegen ihrer ästhetischen Wirkung, sondern weil sie im Mittelalter als spezielle Sinnbilder verstanden wurden und mithin eine besondere Aussage oder Botschaft trugen. So finden sich auf dem Altarbild neben Akelei, Gänseblümchen, Lilie oder Veilchen auch die in anderen Werken Lochners häufig verwendete und fast immer stachellos dargestellte Rose. Möglicherweise eher zweckfrei haben viele weitere Maler aller Epochen Blumen und Blumenarrangements dargestellt, aber auch sie haben ihre besonderen Geheimnisse, beispielsweise die Seerosen, die Claude Monet (1840–1924) in seinem Garten in Giverny malte, oder die zwischen 1888 und 1889 entstandenen berühmten 3, 5, 12 oder 15 Sonnenblumen von Vincent van Gogh (1853–1890). Eines ihrer Geheimnisse gaben sie erst im Jahr 2012 preis: Vincent hat unter anderem eine relativ seltene Mutante dargestellt, deren Erbgut erst jüngst entschlüsselt wurde.

Generell symbolisieren Blumen Lebensfreude und Lebenskraft und somit zumindest in den Kulturen der gemäßigten Breiten das Ende des Winters beziehungsweise den Beginn des Frühlings.

Selbst eine so häufige Art wie der Löwenzahn *(Taraxacum officinale)* fasziniert mit ihrem floralen Design.

Im übertragenen Sinne stehen sprießende, aufblühende Pflanzen für den Sieg des Lebens über den Tod. Davon ist zweifellos abzuleiten, dass sie auch in der christlichen Ikonografie einen hohen, aber zunehmend so nicht mehr verstandenen Stellenwert aufweisen: Die schalenförmig wie ein weites Gefäß nach oben geöffnete Blütenhülle gilt generell als Hinweis auf das Empfangen göttlicher Gaben, der ungetrübten Freude an der Natur im paradiesischen Zustand, aber auch der Bewusstwerdung der Vergänglichkeit jeglicher irdischer Schönheit. Alle diese Attribute – so die vorwissenschaftliche Erfahrung – sind erst in den himmlischen Gärten von Dauer. Von daher rührt vermutlich die in manchen Ländern verbreitete Sitte, Gräber als kleine Gärten zu gestalten. Neben den Blumen in ihrer besonderen Gestalt und Gestaltung haben vor allem ihre Farben eine besondere Bedeutung, die dem früheren Menschen selbstverständlich bekannt war: Weiß steht für Unschuld, Reinheit und Tod, rot für Blut und Vitalität, blau für Geheimnis oder innige Hingabe und gelb für Sonne, Wärme und Zuwendung. Kulturhistoriker merken dazu nicht gänzlich überraschend an, dass diese spezifisch christliche Blumensymbolik in fast identischer (Be)Deutung auch in gänzlich anderen Kulturkreisen auftritt – in der fernöstlichen, eher naturreligiös motivierten Mystik etwa ebenso wie in den wenigen erhaltenen Beispielen aztekischer Lyrik. Im Biedermeier galt es in der feinen Gesellschaft überdies als besonders schick, sich mit Hilfe von speziell komponierten Blumengestecken und einer nach heutigem Empfinden reichlich gestelzten Blumensymbolik diffizile Botschaften zukommen zu lassen. Die Primel mag als Kostprobe dienen: Der Absender verknüpfte damit die beglückende Nachricht, wonach «der Schlüssel zu meinem Himmel in deinem engelreinen Herzen liegt». Nun ja.

Die Akelei *(Aquilegia vulgaris)* ist eine in der religiösen Kunst häufig verwendete Symbolpflanze.

Mit einer schönen Blume verknüpft man oft einen besonderen Symbolwert. Rote Rosen haben in dieser Hinsicht eine besondere Karriere vollzogen.

Blumen in der Wappenzier

Fleur de Lis oder Bourbonenlilie – keine Lilie, sondern eine stark stilisierte Iris

Ein besonders wichtiges und kulturhistorisch spannendes Einsatzgebiet von Blüten- und Blumen als Symbole ist die Heraldik. Herrschergeschlechter und Königshäuser dekorierten ihre Fahnen, Schilde und Wappen mit floralen Motiven. Eines dieser interessanten Beispiele ist der Ginsterzweig im Helmbusch des französischen Grafen Gottfried von Anjou. Er war der Begründer des erfolgreichen Hauses Plantagenet (von *planta genista* = Ginster), das immerhin von 1154 bis 1399 auf dem englischen Königsthron saß. Die zur symbolhaften Verklärung verwendete Art ist nach heutiger Auffassung jedoch kein Ginster (Gattung *Genista*) oder ein Besenginster (Gattung *Cytisus*), sondern der im Wirkkreis der Plantagenets weit verbreitete Stechginster (Gattung *Ulex*), der sich als echter Feger eher eignet als die nordwesteuropäisch verbreiteten Ginsterarten.

Eine besonders berühmte in der Heraldik verwendete Blume ist die stark stilisierte und meist weiß wiedergegebene Lilie. Sie ist als Bourbonenlilie eines der bekanntesten Motive in der dekorativen Kunst Frankreichs und wurde, nachdem Ludwig VII. sie bei den Kreuzzügen in seinem Banner führte, unter der Bezeichnung *Fleur des Louis* beziehungsweise *Fleur de Lis* als Wahrzeichen der französischen Königswappen berühmt. Bis heute ist sie zudem Bestandteil des Stadtwappens von Paris. Im Jahr 1465 verlieh Ludwig XI. sie als Gnadenzeichen an die vor allem in Florenz wirkende Dynastie der Medici, und folglich ist sie auch in vielen Bildwerken der italienischen Renaissance zu sehen. Botaniker haben allerdings mit der gattungsgenauen Zuordnung dieser heraldischen Blume größere Probleme, denn nichts an der über die Jahrhunderte etablierten Wappenlilie erinnert an die einfache, klare Kontur der Gattung *Lilium*. Bei genauerer Betrachtung erkennt man wohl eher die stark stilisierten Umrisse einer Schwertlilie (Gattung *Iris*) mit ihrer komplex aufgebauten Blütenhülle, in der außer den sechs gestaltverschiedenen Blütenhüllblättern (drei kleine Hänge- und drei größere Domblätter) weitere drei auffällige Elemente auftreten, nämlich die großen, zum Griffeldach steil aufgerichteten Narbenlappen. Ausdrücklich als Schwertlilie tritt sie tatsächlich erstmals als Attribut des Merowingerkönigs Chlodwig (466–511) auf. Er musste der Legende nach mit seinem Heer vor der entscheidenden Schlacht von Zülpich gegen die Westgoten (496) bei Köln den Rhein überqueren und soll hier eine geeignete Furt am typischen Flachwasserbewohner Gelbe Sumpf-Schwertlilie *(Iris pseudacorus)* erkannt haben – eine für diese Zeitstellung sicher bemerkenswert kenntnisreiche vegetationskundliche Feststellung.

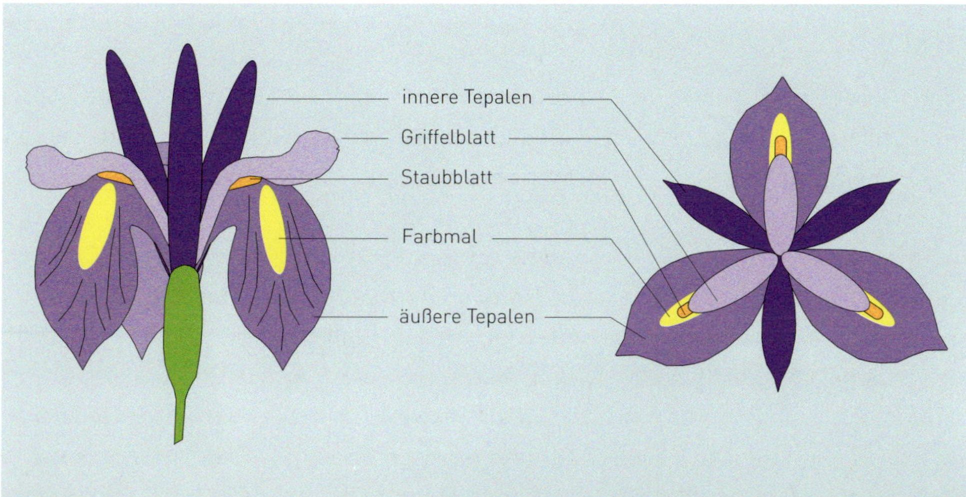

Aufbau einer Iris-Blüte: Scheinbar hat sie drei Blütenhüllblätter zuviel.

Aparte Schönheit: Sumpf-Schwertlilie *(Iris pseudoacorus)*

Blüten lassen in Aufbau und Betriebsabläufen immer wieder staunen: Einzelblüte der Katzenminze *(Nepeta cataria)*.

Gelüftete Geheimnisse

Die aus heutiger Perspektive eher naiv anmutenden praktischen Funktionszuweisungen, die man den berühmten Kräuterbüchern der frühen Neuzeit entnehmen kann, beispielsweise den Werken von Otho Brunfels (Straßburg 1532), Leonhart Fuchs (Basel 1543) oder Hieronymus Bock (Straßburg 1577), mögen in Teilen auf empirische Befunde und tradiertes Erfahrungsgut zurückgehen, aber Botanik in einem etwas moderneren Sinne bieten sie eher nicht. Das wird bereits bei ihren höchst umständlichen Pflanzenbeschrei-

bungen deutlich. Erst das aufklärerisch-analytische Vorgehen des 17. und 18. Jahrhunderts erlaubte eine gänzlich andersartige Blickweise.

Obwohl der Zusammenhang von Wachsen, Blühen und Fruchten zwischen Aussaat und Ernte im Prinzip schon seit der neolithischen Revolution mit dem kulturgeschichtlich bedeutsamen Übergang zur planmäßigen Pflanzenproduktion bekannt war, kam offenbar niemand auf die Idee, das auch bei den Pflanzen und besonders in deren Blüten die Geschlechtlichkeit eine Rolle spielen könnte. Pflanzen galten damit geradezu als engelgleich geschlechtslose Lebewesen. Die sonst aus dem «richtigen Leben» bekannten Leidenschaften und Liebesdramen fand man so bei den Pflanzen nicht. Aber: Man hatte offenbar nicht genau genug hingesehen.

Blüten sind keine geschlechtslosen Wesen. Es dauerte allerdings geraume Zeit, bis man dieses Geheimnis entdeckte. Kalifornischer Goldmohn *(Eschscholzia californica)*

Das geschah erst im späten 17. Jahrhundert. Der Arzt und Botaniker Rudolf Jacob Camerarius (1665–1721), Professor in Tübingen, konnte durch gezielte Experimente den Nachweis führen, dass sich reife, keimfähige Samen nur dann entwickeln, wenn zuvor die Narbe mit Pollen in Kontakt kam. Diese und vergleichbare Feststellungen waren der entscheidende Durchbruch – Camerarius hatte die pflanzliche Sexualität entdeckt. Seine neue Sicht der Dinge fasste er 1694 in einem lateinisch geschriebenen achtzigseitigen Brief («De sexu plantarum») an einen Gießener Kollegen zusammen. Joseph Gottlieb Kölreuter (1733–1806) wusste es wenig später noch genauer: Er fand lange vor Gregor Mendel heraus, dass die vom Pollen mitgebrachten Eigenschaften in der Folgegeneration auftreten und formulierte erstmals auch den Unterschied zwischen Wind- und Tierbestäubung.

Wenige Jahrzehnte später, im Jahr 1735, veröffentlichte der berühmte schwedische Naturforscher Carl von Linné (1707–1778) sein Monumentalwerk «Systema Naturae» und teilte darin die zu seiner Zeit bekannten Blütenpflanzen nach Anzahl, Verteilung und Verwachsung der pflanzlichen Geschlechtseinrichtungen in 23 Klassen ein. Die erstaunten zeitgenössischen Fachkollegen waren von diesem neuen und zunächst schlüssigen System restlos begeistert, aber andererseits meldeten sich auch etliche Moralprediger zu Wort. Nach ihrer Ansicht hatten die Blumen damit ihre Unschuld verloren, waren geradezu anstößig geworden und gefährdeten insbesondere die weibliche Jugend. Noch acht Jahrzehnte nach dem Erscheinen von Linnés epochalem Werk entrüstete sich Goethe über dessen neuartiges System: «Wenn unschuldige Seelen, um durch eigenes Studium weiter zu kommen, botanische Lehrbücher in die Hand nehmen, können sie nicht verbergen, dass ihr sittliches Gefühl beleidigt sei; die ewigen Hochzeiten, die man nicht los wird, wobei die Monogamie, auf welche Sitte, Gesetz und Religion gegründet sind, ganz in vage Lüsternheit sich auflöst, bleiben dem reinen Menschenverstand unerträglich.»

Solche vielleicht doch ein wenig prüde Befangenheit erscheint aus heutiger Perspektive wenig verständlich, sollte aber dennoch nicht allzu mitleidig belächelt werden. Die neue Erkenntnis brach eben zu plötzlich, zu radikal mit den über viele Jahrhunderte gefestigten Überzeugungen und konnte sich daher nur langsam durchsetzen. Einen weiteren wichtigen Meilenstein dazu, der das Terrain für eine eher sachlich unvoreingenommene Betrachtung vorbereitete, lieferte der Spandauer Gymnasiallehrer Christian Konrad Sprengel (1750–1816) mit seinem 1793 in Berlin erschienenen Werk «Das entdeckte Geheimnis der Natur im Bau und in der Befruchtung der Blumen». Während sich Camerarius und einige weitere Forscher jener Zeit bei ihren Untersuchungen weitgehend auf Versuche im eigenen Garten beschränkten, erschloss der höchst originelle Forscher Sprengel bei seinen Wanderungen durch die Mark Brandenburg der wissenschaftlichen

Botanik geradezu schlagartig ein weites Feld, indem er vor allem Strukturen und Funktionen der Blüten in der freien Natur genauer in den Blick nahm. Sprengel war studierter Theologe und Philologe. Erst auf Umwegen, nämlich auf Anregung durch einen befreundeten Arzt, ließ er sich für die Botanik begeistern. In seinem Werk schildert er für alle wichtigen Vertreter der heimischen Flora sowie für zahlreiche Zierpflanzen (insgesamt 461 Spezies) mit bewundernswerter Exaktheit die bestäubungstechnischen Einrichtungen und stellt sie zudem auf 25 akribisch gezeichneten Tafeln vor. Kern seiner Entdeckungen war die erstaunlicherweise bis dahin so nicht wahrgenommene Tatsache, dass zwischen Blumen und Insekten ein äußerst raffiniertes Gefüge von Wechselbeziehungen besteht. Sprengel begründete also mit seinen Beschreibungen die Blütenökologie, lange bevor es diesen Begriff gab. Bis auf wenige Angaben und Deutungen sind seine Feststellungen und Folgerungen auch aus heutiger Sicht zutreffend.

Bei der Wilden Malve *(Malva sylvestris)* und ihren Verwandten bilden die Staubblätter ein kleines Bäumchen – ihre Stielchen sind zu einer Röhre verwachsen, die den Griffel mit den noch unentfalteten Narbenlappen umschließt.

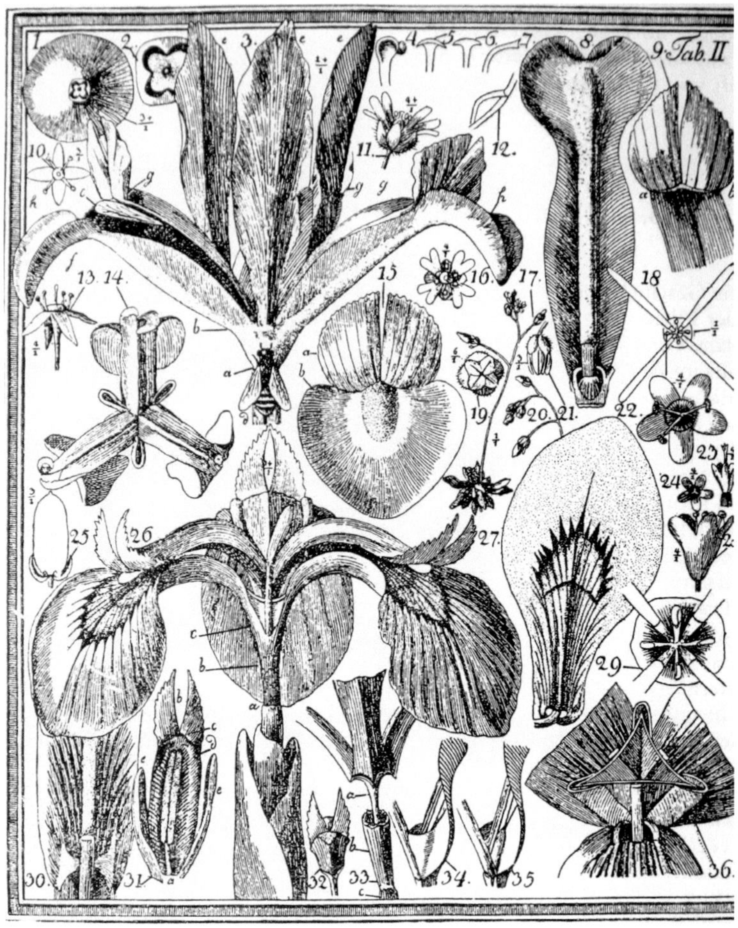

Tafel II aus Christian Konrad Sprengels epochalem Werk *Das entdeckte Geheimnis (1793)* mit der Darstellung der Schwertlilien-Blüte. Die Originalgröße der Tafel beträgt 19 × 16 cm.

Sein für die Blütenbiologie epochales Werk blieb dennoch jahrzehntelang weithin unbeachtet. Der Autor geriet sogar als Fantast in Verruf, was ihn sehr verbitterte, aber er kam schließlich doch noch zu besonderen Ehren. Der schottische Botaniker Robert Brown (1773–1858), Sohn eines anglikanischen Bischofs, befasste sich ebenfalls mit dem Reproduktionssystem der höheren Pflanzen und entdeckte unter anderem die Nacktsamigkeit der Nadelhölzer. Er kannte und schätzte Sprengels Werk und wies 1841 Charles Darwin (1809–1882) auf das «Entdeckte Geheimnis» hin. Darwin zeigte sich davon außerordentlich beeindruckt, wie man in seinen autobiografischen Notizen nachlesen kann. Wenig später befasste er sich am Beispiel der heimischen und einiger außereuropäischer Orchideen eingehend mit blütenbiologischen Fragen, unter anderem mit dem Ziel, durch eine genauere Untersuchung der Kreuzbefruchtung (heute eher als Fremdbefruchtung verstanden) weiteres Material über die Variabilität der Arten zu sammeln. Im Jahr 1862 veröffentlichte er sein bewundernswertes und bis heute nur Insidern bekanntes Werk «On the Various Contrivances by which Orchids are Fertilized by Insects» – eine nach wie vor ausgesprochen lesenswerte Darstellung, in der er ausdrücklich auf das bedeutend Werk Sprengels zurückgriff und viele der darin niedergelegten Beobachtungen bestätigte.

Zauber oder Entzauberung?

Die modernen Naturwissenschaften sehen sich oft dem Vorwurf ausgesetzt, sie vertieften sich zu sehr ins Detail und verlören dabei das Ganze aus dem Blick. Damit trügen sie unweigerlich zur Entzauberung der Natur bei, weil sie alles so schrecklich reduktionistisch in chemische Formeln und physikalische Gesetzmäßigkeiten auflösten. Die erstere Behauptung trifft (oft) zu, die zweite aber überhaupt nicht.

Der besondere Charme einer Blume, ihre Attraktivität, mit der sie uns emotional vereinnahmt, ist auch und vielleicht sogar vor allem eine Frage der Nähe. Die Betrachtung einer Blüte in der Lupenvergrößerung und darunter, das Eintauchen in die auch hier überall verborgenen und sonst nicht wahrgenommenen, weil nicht ohne Weiteres zugänglichen Kleinwelten, fördert eine Menge faszinierender Einzelheiten zu Tage. Formen in jeglicher Größenordnung provozieren ihren Betrachter geradezu, sie in bewundernswerte, spannende und meistens auch überraschende Funktionszusammenhänge einzuordnen. Nur so kann Begeisterung für die Natur wachsen. Immerhin hat dies auch schon der große Carl von Linné und speziell die eingehendere Beschäftigung mit Blüten und Blumen als *scientia amabilis*, als liebenswerte Wissenschaft, bezeichnet.

Der bedeutende amerikanische Evolutions- und Soziobiologe Edward O. Wilson (*1929) veröffentlichte 1994 mit seinem Buch «Naturalist» einen Teil seiner unbedingt lesenswerten Lebenserinnerungen. Die deutsche Ausgabe erschien 1999 unter dem ungleich ansprechenderen Titel «Des Lebens ganze Fülle. Eine Liebeserklärung an die Wunder der Welt». Das wäre gewiss eine vortreffliche Programmansage für die Inhalte des vorliegenden Buches gewesen, auch wenn wir auf den folgenden Seiten überwiegend in der heimischen Flora unterwegs sein werden. Wer sich mit Blüten beschäftigt, wird auch hier das Staunen so schnell nicht verlernen.

Anschauliche Nutzblume: Sorte 'Romanesco' vom Blumenkohl *(Brassica oleracea)* mit fraktal-geometrischer Anordnung der Blütenanlagen

2 Bei den Farnen fing es an

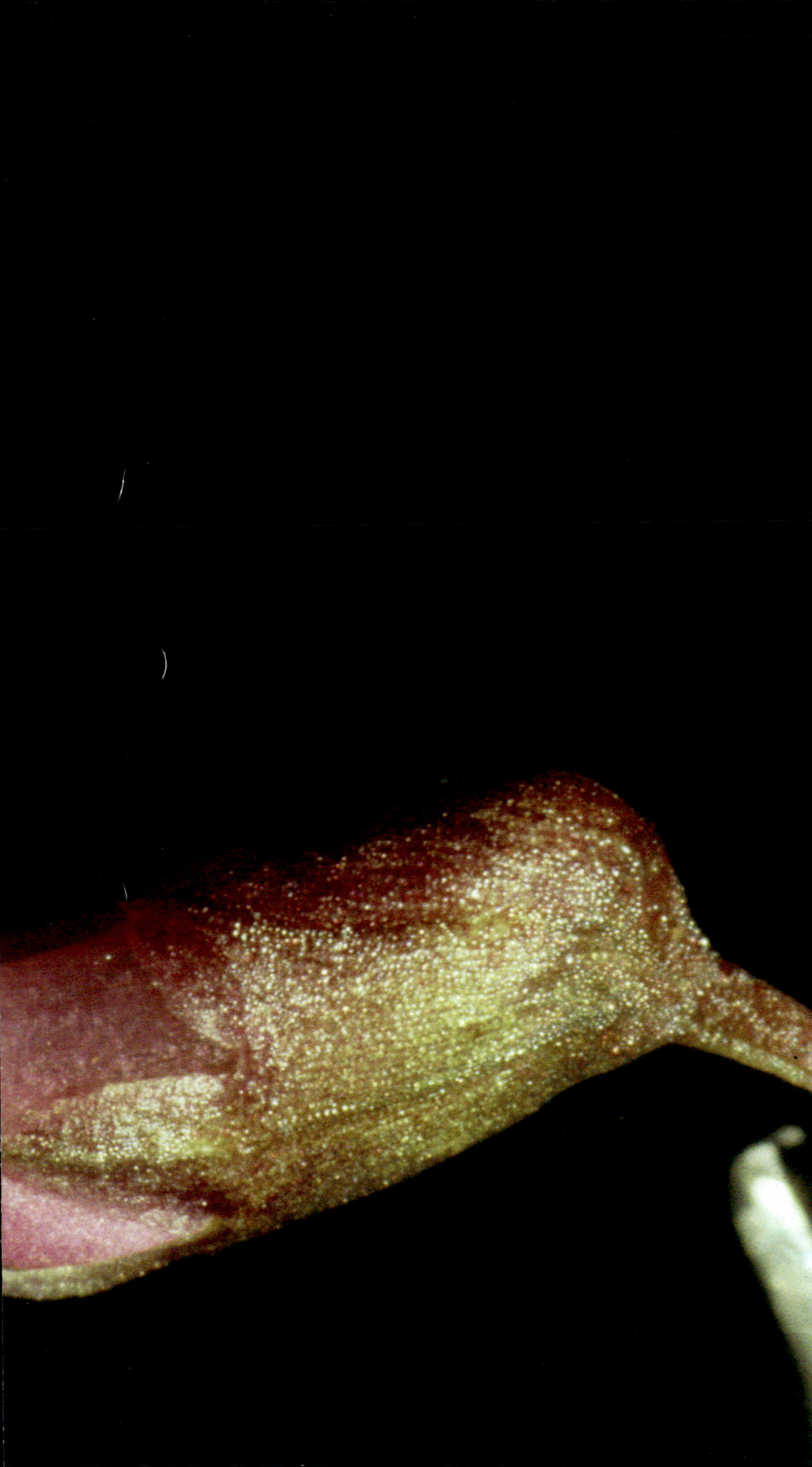

Vorhergehende Doppelseite:
Magnolie in Vollblüte. Trotz unübersehbarer Üppigkeit ist sie eine eher archaische Form.

Blüten und Blumen ist nicht unbedingt dasselbe. Die Frühlings-Platterbse *(Lathyrus vernus)* repräsentiert beides.

Von Blumen war auf den vorangegangenen Seiten die Rede, fallweise auch von Blüten und von Blütenpflanzen sowieso. Die heimische Pflanzenwelt erleben wir eben vorzugsweise als Blütenpflanzen, als überaus artenreiche Versammlung der Gräser, Kräuter, Sträucher und Bäume. Allein in Mitteleuropa kommen fast 4000 Arten wildwachsend vor und einige weitere Tausend Spezies als Importe aus fernen Regionen. Zusammen bieten sie sicherlich eine kaum noch zu bewältigende Formenfülle – von den knapp 400 000 weltweit vermuteten Arten einmal ganz abgesehen. Die wechselnde Wortwahl Blüte und Blume, die man zu ihrer Benennung einsetzt, wirft natürlich Fragen nach der inhaltlichen Abgrenzung auf. Sind Blumen gar etwas anderes als Blüten? Sind alle Blüten auch gleichzeitig Blumen? Und wie definiert man überhaupt Blütenpflanzen?

Blüten vestehen wir heute als hochkomplexe vorläufige Endglieder der Evolution: Geflecktes Lungenkraut *(Pulmonaria officinalis)*.

Angesichts der aufwändig aufgemachten Blüten der Sibirischen Schwertlilie *(Iris sibirica)* stellt sich die Frage nach den Ursprüngen.

Erste Annäherungsversuche

Mag sein, dass ein völlig verzückter Betrachter, der sich an der ergreifenden Schönheit einer frisch entfalteten Blume in seinem Garten berauscht, mit solchen definitorischen Problemen gar nicht befasst werden möchte. Vieles erscheint jedoch erfahrungsgemäß spannender, je gründlicher man den betreffenden Sachverhalt hinterfragt. Und auch für Pflanzen gilt Goethes geniale Einsicht: «Man sieht nur, was man weiß.» Recht hat er damit.

Blüten beziehungsweise Blumen als wichtige Funktionsteile des vegetabilischen Fort«pflanzungs»systems zu verstehen, gehört unstrittig zum vorwissenschaftlichen Erfahrungsgut. Das aktuelle pflanzliche Reproduktionssystem in seinem entwicklungsgeschichtlichen Werdegang zu verfolgen, verspricht dagegen ein paar zusätzliche und ungleich aufschlussreichere Einsichten. Um hierzu einige wichtige Orientierungshilfen an die Hand zu bekommen, ist es nützlich, sich ein wenig im Vorfeld der mit Blüten ausgestatteten Pflanzen umzuschauen.

(Blüten-)Pflanzen sind nur ein Teil der heutigen Biodiversität, auch der Burgmauerbewohner Hufeisenklee *(Hippocrepis comosa)*.

Vom Einfachen zum Komplexen

Im Jahr 1735 begründete der schwedische Naturforscher Carl von Linné die biologische Systematik, die selbst bei vielen Biologen nicht sonderlich angesehen ist. Immerhin stellt sie eine umfassende Theorie der Organismen dar und liefert den unentbehrlichen Orientierungsrahmen, um die in der Natur überall wahrnehmbare Vielfalt (heute nach dem amerikanischen Ökologen Edward O. Wilson auch Biodiversität genannt) zu überschauen.

Die traditionelle Sicht teilt die in der Natur vorgefundenen Lebewesen in Pflanzen und Tiere ein – folglich unterscheidet man ein Pflanzen- von einem Tierreich. Für viele Zeitgenossen reicht diese Einteilung für ihre biologische Weltanschauung völlig aus.

Aber so einfach gestrickt ist die Natur tatsächlich nicht: Da gibt es beispielsweise die vielen Pilze, die weder eindeutig pflanzliche Merkmale noch irgendwie tierische Eigenheiten aufweisen und folglich weder in dem einen noch in dem anderen Organismenreich unterzubringen sind. Eher aus Traditionsgründen als aus Überzeugung tauchen sie mit großer Regelmäßigkeit zwar in den neueren Lehrbüchern der Botanik auf, repräsentieren aber nach mehrheitlicher Überzeugung der Biologen einen dritten Weg des Lebens und stellen somit ein eigenes Pilzreich dar.

Nun gibt es auch noch das typenreiche Heer der Bakterien, deren Zellen völlig anders konstruiert sind als bei Pflanzen, Tieren und Pilzen, und ferner stören die zahlreichen Einzeller mit Zellkern das schöne traditionelle und so einfache Konzept mit nur zwei Organismenreichen. Folglich geht man heute mehrheitlich von insgesamt fünf verschiedenen Organismenreichen aus oder – um nun ganz fortschrittlich und modern zu argumentieren – verteilt sämtliche Lebewesen nach einem 1990 in die Diskussion gebrachten Vorschlag des amerikanischen Mikrobiologen Carl Woese auf drei verschiedene Domänen: Pflanzen, Tiere, Pilze sowie die mit Zellkern ausgestatteten Einzeller vom Typ Pantoffeltierchen oder Amöbe bilden die große Domäne der Zellkernlebewesen (Eucarya). Die bakteriell organisierten Ahnenlinien verteilt man dagegen auf die beiden Domänen Archaea (Urbakterien) und Bacteria (eigentliche Bakterien).

Zu den Pflanzen im weitesten Sinne zählten die Traditionalisten bisher die Algen, manchmal auch die Flechten, aber auf jeden Fall die Moose, Farne und Samenpflanzen. Die neuere Biosystematik sortiert allerdings die Algen als eigenes Organismenreich der Eucarya aus, und die Flechten gelten als ernährungsspezialisierte Pilze. Pflanzen im engeren Sinne sind demnach nur noch die Moose, Farne und Samenpflanzen. Dieses Konzept geht vielen Lehr- und Schulbuchautoren bisher noch ziemlich contre coeur, lässt sich aber sauber, eindeutig und widerspruchsfrei begründen. Für unsere Zwecke genügt es, einen etwas genaueren Blick auf die Farnpflanzen und ihr Fortpflanzungssystem zu richten.

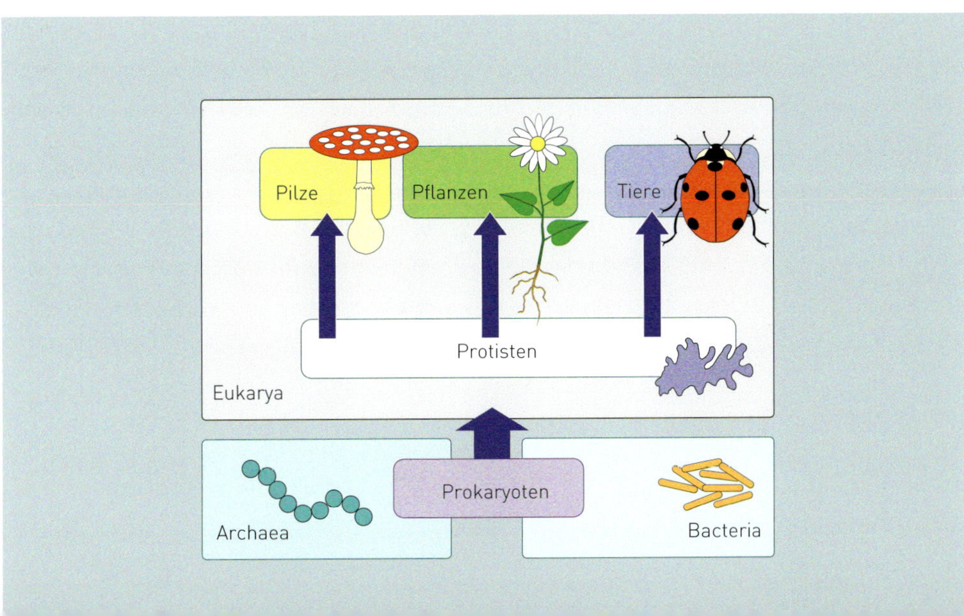

Die moderne Sicht der Lebewesen: fünf Reiche und drei Domänen der Organismen

Braunstieliger Streifenfarn *(Asplenium trichomanes)* – ein häufiger Mauerfugenbewohner

Der Schlüssel zum Verständnis

Die häufig so bezeichneten Niederen Pflanzen spielen in der Wahrnehmung der meisten Menschen eine eher untergeordnete Rolle, obwohl sie für sich betrachtet mindestens so schön wie Blumen und außerdem für den Naturhaushalt völlig unentbehrlich sind. Gerade deshalb schauen wir uns jetzt ein wenig bei den Farnen um, die interessante Stadien aus der Entwicklungsgeschichte der Landpflanzen darstellen und insofern eine wichtige Schlüsselfunktion für das Gesamtverständnis einnehmen.

Entwicklungshöhe kann man (auch) bei den Lebewesen relativ einfach und quantitativ an der Anzahl der jeweils vorhandenen Zellsorten ablesen. Bei vielen Algen sind es im Extremfall nur eine oder zwei, aber bei einer Sonnenblume als Vertreterin der hochentwickelten Blütenpflanzen bereits wenig mehr als einhundert. Bei den Moosen

Die Sporophylle der Schachtelhalme bilden kompakte Ähren: Sporophylle und Sporangien vom Riesen-Schachtelhalm *(Equisetum telmateja)*

hat man mit wenig mehr als ein Dutzend verschiedener Zelltypen zu rechnen, und wesentlich mehr sind es auch nicht bei den Farnpflanzen. Diese besonderen Pflanzen, zu denen neben den Wedelfarnen auch die Bärlappe und die Schachtelhalme gehören, haben mit den Blütenpflanzen unter anderem gemeinsam, dass ihre kräftigen Stängel und großen Blätter ein gut ausgebildetes, leistungsfähiges Stoffleitungssystem besitzen: Vor allem diese bewundernswerte Einrichtung schafft es, das Wasser aus dem Boden gegebenenfalls viele Meter hoch bis in die wachsende Achsenspitze fortzuleiten. Den Moosen fehlt diese nützliche Einrichtung noch, weswegen sie nicht wesentlich über Streichholzlänge hinauskommen.

Die heimischen Wedelfarne überraschen dagegen mit einem enormen Größenspektrum: Die kleinen mauer- oder felsbewohnenden Streifenfarne, zu denen die häufige Mauerraute und der Braunstielige Streifenfarn gehören, repräsentieren eher das untere Ende der Größenskala, der im Vergleich geradezu riesige und bis über zwei Meter hohe Adlerfarn deren oberes.

Bei der Mauerraute *(Asplenium ruta-muraria)* entwickeln sich die Sporangien auf der gesamten Unterseite der kleinen Wedelblätter.

Wie Farne ihre Sporen geben

Während des Sommers entwickeln sich an den Unterseiten der grünen Farnwedel (Farnblätter) die Farnsporangien, die man mit einer guten Lupe als gestielte, kleine Behältnisse erkennen kann, die in ihren Formen ein wenig an die Helme der Schweizergardisten im Vatikan erinnern. Gewöhnlich stehen sie zahlreich in kleinen Gruppen (= Sori) zusammen und sind anfangs noch von einer grünen häutigen Hülle (= Indusium) bedeckt. Größe und Umriss der Sori ist gattungstypisch: Bei den Streifenfarnen (*Asplenium* spp.) sind es schmale Linien, bei Tüpfelfarn *(Polypodium vulgare)* und Wurmfarn *(Dryopteri filix-mas)* eher kreisrunde Ansammlungen, beim Adlerfarn *(Pteridium aquilinum)* langgezogene Randgebüsche am Wedelrand. Bei der Sporenreife im Spätsommer und Frühherbst verfärben sich die Sporangien bräunlich. Weil sich Sporangien nur auf den Farnwedeln entwickeln, nennt man diese auch Sporophyten.

Die in den Sporangien entstehenden Sporen dienen ausschließlich der ungeschlechtlichen Vermehrung. Sie enthalten nur einen einfachen Chromosomensatz und sind demnach durch eine Reduktionsteilung (Meiose, in Entwicklungsschemata üblicherweise mit R! gekennzeichnet) entstanden.

Fallen sie auf geeigneten Boden, entsteht daraus zunächst noch keine neue Farnpflanze mit Wedelblättern, sondern ein kleines, Vorkeim (Prothallium) genanntes grünes Läppchen – höchstens fingernagelgroß und in der Natur schwer zu entdecken. Diesen Winzlingen fällt nun die enorm wichtige Aufgabe zu, die geschlechtliche Vermehrung einzuleiten. Auf ihrer Unterseite entwickeln die Prothallien kleine spezielle Behälter (Gametangien), in denen die Geschlechtszellen (Gameten) entstehen. Die männlichen Gameten sind begeißelt und heißen Spermatozoiden. Sie bilden sich in großer Anzahl in den männlichen Gametangien, die man auch Antheridium nennt. Die weiblichen Gameten sind große, unbewegliche Eizellen – sie finden sich jeweils nur in Einzahl in den flaschenförmig gestalteten weiblichen Gametangien (= Archegonien). Die kleinen lappigen Farnprothallien stellen die Gametophytengeneration dar.

Die strichförmigen Sporangien-Ansammlungen (Sori) sind die Reproduktionsstrukturen des Hirschzungenfarns *(Asplenium phyllitis)*.

Generationen lösen sich ab

Bei feuchter Witterung schwimmen die beweglichen, weil begeißelten Spermatozoiden durch den überkleidenden Wasserfilm aktiv zu den Archegonien und befruchten darin die Eizelle. Der mitgebrachte männliche Gametenkern und der Eizellkern verschmelzen miteinander. In Grafiken zur Entwicklung markiert man dieses Ereignis mit B! (für Befruchtung). Der entstehende Zygotenkern hat jetzt wieder zwei Chromosomensätze und ist demnach diploid. Die Zygote ist die erste Zelle des Sporophyten: Sie nimmt fast unmittelbar ihr Teilungswachstum auf, und aus dem befruchteten Archegonium schiebt sich alsbald ein kleines Pflänzchen, das schon klare gestaltliche Anklänge an ein gegliedertes Farnblatt erkennen lässt. Die Vermehrung der Farne (wie auch das ganz ähnlich arbeitende Reproduktionssystem der Algen und Moose) schließt demnach jeweils eine Sporophyten- und eine Gametophyten-Generation in direkter Folge ein. Es liegt also ein klassischer Generationswechsel vor. Man glaubt also beim Blick auf einen unscheinbaren, in einer Mörtelfuge wachsenden Mauerfarn gar nicht, welch stationenreichen Entwicklungsablauf er an seinem sicherlich nicht so ganz einfachen Standort bereits erfolgreich bewältigt hat.

Entwicklungsgeschichtlich hervorhebenswert erscheint, dass Gametophyt und junger Sporophyt noch eine Zeit lang miteinander verbunden bleiben. Nach diesem besonderen Merkmal bezeichnet man alle Verwandtschaftsgruppen der Pflanzen von den Moosen über die Farne bis zu den höchsten Blütenpflanzen neuerdings als Embryophyten.

Der Generationswechsel der Farne umfasst zwei getrennte Wesen – den Farnwedel (Sporophyt) und die winzige Geschlechtspflanze (Gametophyt).

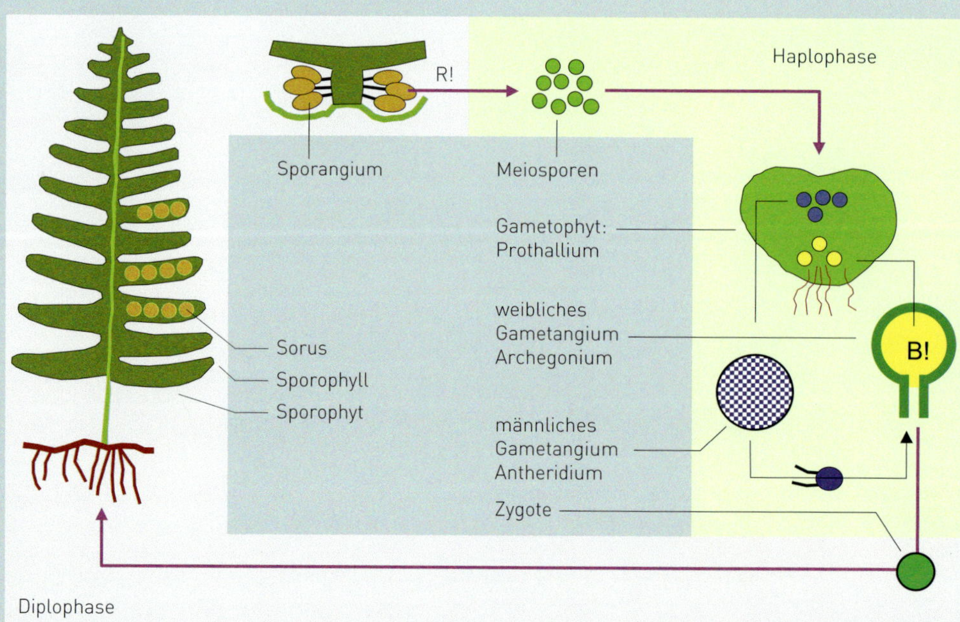

Ein Missing Link der Schweizer Alpen

Schauen wir uns eine gealterte Mauer mit bröseligen Mörtelfugen an, dann könnte hier ein Braunstieliger Streifenfarn *(Asplenium trichomanes)* direkt neben einem blühenden Mauer-Leinkraut *(Cymbalaria muralis)* wachsen. Zwischen beiden Pflanzenarten liegen zugegebenermaßen Welten: Der Farn vermehrt sich eher unerkannt über Sporen und später mit den mikroskopisch mickrigen Gameten seiner auch nicht gerade auffälligen Gametophyten, während das Leinkraut hübsch blüht, fruchtet und Samen hervorbringt. Die Verbindung zwischen beiden Biografien ist zunächst nicht zu sehen, und so bleibt verständlicherweise offen, warum wir das Reproduktionssystem der Farne der genaueren Betrachtung einer richtigen Blüte vorangestellt haben. Offensichtlich muss noch ein wichtiges und bisher fehlendes Verbindungsglied eingefügt werden.

In den Alpen findet sich in lückigen Kalkmagerrasen und an erdigen Böschungen eine unscheinbare, höchstens fingerhohe Pflanze, die wie ein Moos aussieht, aber tatsächlich eine Farnpflanze ist und den bezeichnenden Namen Schweizer Moosfarn (*Selaginella helvetica*) trägt. Bei dieser kleinen Farnpflanze erscheinen die Sporangien nicht überall, sondern jeweils in Einzahl und nur auf beziehungsweise zwischen den kleinen Blättern am oberen Ende der Sprossachse. Außerdem sind die Sporangien deutlich größenverschieden: Es gibt größere Megasporangien mit relativ üppig bemessenen Megasporen und weiter entsprechend kleinere Mikrosporangien mit Mikrosporen. Beim Moosfarn findet sich an der Sprossachse also eine rein vegetative Region mit kleinen

Das Missing Link – die Sporophyllähre des Moosfarns *(Selaginella helvetica)*

grünen Blättern, die nur der Ernährung der Pflanze durch Fotosynthese dienen, während die oberen Blätter vor allem für die Vermehrung zuständig sind, weil sie als Sporophylle eben die Sporangien tragen. Der kleine Moosfarn nimmt insofern tatsächlich eine wichtige Position ein: Er zeigt nämlich in einfacher und bestechender Klarheit, wie sich an einer höheren Pflanze die Aufgabenfelder Ernährung und Reproduktion trennen und auf verschiedene Blattorgane verteilen. Genau diese Strategie ist bei jeder Blütenpflanze bis zur Perfektion fortgeschrieben – aber ganz so weit sind wir immer noch nicht. Weitere wichtige Hinweise, was denn eigentlich ganz genau eine Blüte ist, sind anderen Vertretern der Farnpflanzen zu entnehmen.

Sporophyllähre des Schweizer Moosfarns *(Selaginella helvetica)*

Fortschritt auf dem Weg zur Blüte

Zur engeren Verwandtschaft des Moosfarns gehören die Bärlappe. Eine der verbreiteten und wiederum in Bergwäldern häufigeren Arten ist der Keulen-Bärlapp *(Lycopodium clavatum)*. Hier findet sich die vegetative Blattregion und der Abschnitt mit den Sporophyllen noch deutlicher getrennt: Die lang gestielte «Keule» dieses Bärlapps ist ein verdichteter, vom übrigen Vegetationskörper auffällig abgehobener Sporophyllstand. Vergleichbares zeigen auch sehr schön die Sporophyten der Schachtelhalme: Hier erscheint am Ende der Sprossachse ein dicht gedrängtes Kollektiv kleiner Sporophylle mit jeweils zahlreichen Sporangien. Man könnte dieses Gebilde, wenn man nun einen Fichten- oder Kiefernzapfen zum Vergleich daneben hält, tatsächlich als Sporophyllzapfen bezeichnen oder von einer Sporophyllähre sprechen, während die häufig zu vernehmende Bezeichnung Sporangienähre nicht ganz stilrein ist.

Die Unterschiede einer dichten Sporophyllansammlung von einer so bezeichneten Blüte sind nun nicht mehr grundsätzlicher Art: Auch in einer Blüte finden sich im Prinzip lediglich auf Vermehrungsaufgaben spezialisierte Blätter, die am oberen Ende der Sprossachse in dichter Folge gedrängt hintereinander stehen und damit einen im Wachstum abgebremsten Kurzspross darstellen. Ausdrücklich festzuhalten ist noch, dass der Kurzspross mit der Anlage der Sporophyllähre tatsächlich sein Längenwachstum endgültig einstellt. Die Sporophyllähre markiert damit Ende und Höhepunkt der Sprossachse.

Jetzt ist die Definition einer Blüte im Grunde genommen ganz einfach geworden: Sie ist ein Sporophyllstand. Nur nennt man ihre Sporophylle im bürgerlichen Sprachgebrauch üblicherweise ein wenig anders: Die Mikrosporophylle des Moosfarns heißen in einer «richtigen» Blüte konventionell Staubblätter, während die Megasporophylle als Fruchtblätter bezeichnet werden (vgl. Tabelle 1). Die vielleicht doch etwas störende Begriffsvielfalt ist historisch bedingt: Die bis heute üblichen Sonderbezeichnungen bestanden eben schon, als man die entwicklungsgeschichtlichen Zusammenhänge noch gar nicht so recht verstanden hatte. Die Ähnlichkeiten zwischen Farn- und Blütenpflanzen verdeutlicht zu haben, ist das Verdienst eines Außenseiters: Friedrich Wilhelm Hofmeister (1824–1877) war Musikalienhändler in Leipzig, beschäftigte sich aber sozusagen hobbymäßig mit der Biologie der Pflanzen und veröffentlichte 1849 sein Aufsehen erregendes Werk über die Embryologie der höheren Pflanzen, für das er die Ehrendoktorwürde der Universität Rostock erhielt.

Frühe Aufsteiger

Blühende Pflanzen beherrschen heute weltweit das Bild der Vegetation, aber das war nicht immer so. Den Anfang der Festlandbesiedlung machten vor rund 400 Millionen Jahren einfache, noch blattlose Farnpflanzen («Nacktfarne»). Ihnen folgten in der Karbonzeit vor etwa 320 Millionen Jahren die frühen Samenpflanzen, zunächst vertreten mit den eigenartigen Samenfarnen und später mit Nacktsamern, die bald zur dominanten Pflanzenform während des größten Teils des Erdmittelalters aufstiegen. Den Beginn der Bedecktsamer setzt man heute nach dem Fossilbericht in die Kreidezeit an. Ältestes bisher bekanntes Fossil ist ein *Archaefructus liaoningensis* genannter Fund aus der Unterkreide Chinas, den man auf ein Alter von 142 Millionen Jahren datiert. Ungefähr der gleichen Zeitstellung gehört die rund 130 Millionen Jahre alte Bevhalstia pebja aus Surrey/England an. Aus der Oberkreide Schwedens stammen die Funde von drei Arten der Gattung *Scandianthus,* die damit etwa 85 Millionen Jahre alt wären. Ein außerordentlicher Glücksfall sind die ebenfalls in Schweden gefundenen Reste von *Silvianthemum suecicum,* das vor rund achtzig Millionen Jahren bei einem Waldbrand verkohlten und deswegen außerordentlich detailreich konserviert sind. Einige der Fundstücke sind nicht viel größer als ein Punkt. Nach neuesten molekularen Daten könnte die Entwicklung der Bedecktsamer sogar schon vor rund 220 Millionen Jahren begonnen haben.

Wenn diese Einschätzung zutrifft, wären die frühesten Blütenpflanzen sogar Bestandteile in der Umwelt der Dinosaurier gewesen. Allerdings mag ihr Anteil an der damaligen Vegetation des Festlandes noch gering gewesen sein, und außerdem darf man sich die ersten Vertreter dieser wichtigen Pflanzenverwandtschaft auch noch nicht allzu üppig vorstellen. Die weitaus größte Bedeutung in der Vegetation der Kontinente und Inseln hatten nach den zahlreich vorliegenden Fossilfunden fast im gesamten Erdmittelalter (Mesozoikum) von der Trias bis zum Ende der Kreidezeit die Farnpflanzen sowie die Nacktsamer, darunter vor allem deren baumförmige Vertreter. Eindrucksvolle Dokumente sind unter anderem die heute durch massive Verwitterung aus ihrem Schichtverband herausgelösten Stämme, die durch Verkieselung ihrer Holzsubstanz dem Materialabtrag widerstehen können. Man kennt solche mesozoischen «petrified forests» auf allen Kontinenten.

Nach rund 48 Mio. Jahren wurde dieses nur etwa 3,5 mm große Blütenfossil aus den berühmten Ölschiefern der Grube Messel bei Darmstadt geborgen. Selbst die Staubblätter sind immer noch klar zu erkennen.

Schmucklos, aber hübsch anzusehen: Sprophylle und Sporangien vom Acker-Schachtelhalm *(Equisetum arvense)*

Tabelle 1
Vermehrungseinrichtungen der Farn- und Blütenpflanzen im Begriffsvergleich

Bezeichnungen bei den Farnpflanzen	... und bei den Blütenpflanzen
Megasporophyll	Fruchtblatt
Megasporangium	Samenanlage (Nucellus)
Megaspore	einkerniger Embryosack
Megaprothallium	– primäres Nährgewebe bei Nacktsamern – mehrkerniger Embryosack bei Bedecktsamern
Mikrosporophyll	Staubblatt
Mikrosporangium	Pollensack
Mikroprothallium	mehrkerniges Pollenkorn bzw. Pollenschlauch

Jetzt mag der vorsichtige Blick auf die Glockenblume an ihrem Mauerstandort vielleicht doch noch eine ungeklärte Frage aufwerfen, denn irgendetwas ist daran völlig anders als bei Moosfarn oder Bärlapp: Der Unterschied besteht in einer besonderen und bei den Blütenpflanzen tatsächlich neuartigen Verpackung der Sporophylle, die sich bei den Farnen so noch nicht findet. Staub- und Fruchtblätter werden nämlich von einer eventuell sogar mehrlagigen Blatthülle eingeschlossen, die man folgerichtig Blütenhülle nennt. Ihre Bauteile, die Kelch- und Kronblätter, sind meist, aber nicht immer auffällig gestaltverschieden, lassen sich aber dennoch problemlos aus der Laubblattregion weiter unten an der Sprossachse ableiten. Dafür findet man in der heimischen Blütenpflanzenflora fast alle denkbaren Übergänge und Zwischenszenarien.

Auf dem Weg zur Blüte: Die schmucken Sporophyllstände des Keulen-Bärlapps *(Lycopodium clavatum)* zeigen bereits viele Zapfenmerkmale.

Blüten- oder Samenpflanzen?

Bärlappe und der Schachtelhalme zählt man in der botanischen Systematik konventionell nicht zu den eigentlichen Blütenpflanzen, obwohl sie am Sprossachsenende Sporophyllstände tragen. Diese genügen der einfachsten Definition einer zwar schmucklosen, aber funktionierenden Blüte vollauf. Blütenpflanzen im engeren und modernen Sinne zeichnen sich nämlich durch ein weiteres Merkmal aus, das so bei den Farnpflanzen noch nicht vorkommt, nämlich die Samenbildung: Der Samen ist eine junge Pflanze im Ruhezustand. Nach der erfolgreichen Bestäubung und der nachfolgenden Befruchtung im Fruchtknoten unterbricht der in der Samenanlage entstehende Embryo seine weitere Entwicklung, gibt dabei den größten Teil seines Wasservorrats auf, fällt in eine Art Trockenstarre und wacht daraus erst beim Keimungsvorgang im nächsten Frühjahr wieder auf. Nach dieser gemeinsamen und als Angepasstheit an die Besiedlung des Festlandes ebenso erfolg- wie folgenreichen Errungenschaft bezeichnet man die Blütenpflanzen mit Samenbildung gleich als Samenpflanzen (Spermatophyta).

Zwei große Verwandtschaftslinien lassen sich innerhalb der Spermatophyten unterscheiden, die für die weitere Beschäftigung mit der spannenden Biologie der Blüten wichtig sind: Bei den Nacktsamern (Gymnospermen) liegen die Samenanlagen und später die ausgereiften Samen nackt beziehungsweise frei zugänglich auf den Fruchtblättern. Zu diesen urtümlichen Pflanzen, die vom ausgehenden Devon bis fast zum Ende der Kreidezeit das Pflanzenkleid der Erde beherrschten und heute nur noch mit rund 800 Arten vertreten sind, gehören die fiederblättrigen Palmfarne (Cycadeen), die fächerblättrigen Ginkgobäume und die Nadelhölzer. Die eigenartigen Gnetophyten mit ihren drei verbliebenen Gattungen sind zwar im Prinzip ebenfalls nacktsamig, vermitteln aber schon deutlich zur Folgegruppe: Diese umfasst die vermutlich aus rund 400 000 Arten bestehenden Bedecktsamer (Angiospermae). Bei diesen Pflanzen sind die Samenanlagen in einem Fruchtknoten eingeschlossen, der zur Reifezeit zur Frucht wird. Die bedecktsamigen Blütenpflanzen könnte man daher ebenso trefflich als Fruchtpflanzen bezeichnen.

Wie sie miteinander verwandt sind

Carl von Linné schuf mit seiner Einteilung von 1735 ein künstliches System, in dem er die Blütenpflanzen nach Anzahl und Positionierung ihrer Blütenorgane gruppierte. Was nicht in dieses Ordnungsraster passte, geriet in eine eigene Schublade, nämlich die 24. Klasse Kryptogamen (Verborgenblütige): Hier finden sich als eigenwilliges Konglomerat Algen, Moose und Pilze sowie die Flechten, mit denen er so gar nichts anfangen konnte. Im lateinisch geschriebenen Werk «Systema naturae» tauchen sie mit der Notierung «rustici pauperrimi» (= ärmlicher Landpöbel) auf.

Nachfolgende Forscher haben die Linné'sche Einteilung verändert und immer wieder verfeinert, vor allem unter Berücksichtigung vieler Merkmalsklassen, von denen Linné noch nichts wissen konnte. Sein künstliches «Systema naturae» von 1735 wäre nach modernen Kriterien eher eine Taxonomie, während man heute als System eine Einteilung versteht, die wirkliche verwandtschaftliche, weil stammesgeschichtliche Zusammenhänge spiegelt. In der traditionellen Systematik verwendete man zunächst überwiegend gestaltliche Merkmale, um verwandte oder mutmaßlich zusammen gehörende Pflanzensippen entsprechend zu gruppieren. Dieses Konzept ist in großen Teilen immer noch gültig und praktikabel. So bestehen beispielsweise wenig Zweifel daran, dass die mit der speziellen Blütenkonstruktion «Lippenblüte» ausgestatteten Gattungen wie Hohlzahn, Minze, Salbei, Taubnessel oder Ziest allesamt eng miteinander verwandt sind und somit in die gleiche Familie der Lippenblütengewächse (Lamiaceae, früher Labiatae genannt) gehören.

Zunehmend haben jedoch auch weitere Merkmalsklassen Eingang in die Pflanzensystematik gefunden, darunter vor allem biochemische bzw. molekulare Daten. Dabei vergleicht man bestimmte Gensequenzen im Erbgut direkt miteinander – eine im Prinzip bewundernswerte und aussagekräftige Methode, die mitunter zu überraschenden und durchaus gewöhnungsbedürftigen Aussagen zwingt: So ist die traditionsreiche Familie der Rachenblütengewächse (Scorphulariaceae) weitgehend aufgelöst worden: Ein Teil der Gattungen ist heute Bestandteil der Wegerichgewächse (Plantaginaceae), ein anderer wurde mit den Sommerwurzgewächsen (Orobanchaceae) zusammengelegt.

Den neuesten Kenntnisstand gibt der Abschlussbericht der Angiosperm Phylogeny Group (= APG III) aus dem Jahre 2009 wieder. Man kann sich per Internet unter www2.biologie.fu-berlin.de/sysbot/poster/TPP-D.pdf einen Eindruck vom modernen Bild der Blütenpflanzenverwandtschaft verschaffen, das von den traditionellen Einteilungen nicht unerheblich abweicht.

Trotz ihres enormen Dekorationswerts sind die Blüten der Magnolien noch zapfenähnlich und daher sehr ursprünglich.

Weiblicher Blütenstand der Fichte (Picea abies)

Blüten und Blumen

Auch in der Blüte der Stockrose *(Alcea rosea)* hat die Evolution einen langen Weg hinter sich.

Nach wie vor ungeklärt blieb bisher das Problem, ob die Rose nun eine Blüte oder eine Blume ist. In dieser Frage unterscheiden sich die bürgerliche und die botanische Bezeichnung geringfügig. Immerhin erwirbt man eine Rose gewöhnlich im Blumen- und nicht im Blütengeschäft. Aber auch nach botanischen Kriterien besteht durchaus ein kleiner, aber klarer Unterschied. Eine Blüte ist das oben skizzierte Strukturgefüge aus verschiedenen Blattorganen mit jeweils spezieller Aufgabenstellung. Blüten erfüllen ihre Vermehrungsaufgaben in der Abfolge von Bestäubung, Befruchtung, Samenentwicklung und Fruchtreife. Entscheidender Schlüsselprozess in dieser Gesamtinszenierung ist die Bestäubung, die uns in den Folgekapiteln aus mehreren Blickwinkeln beschäftigen wird. Während eine Blüte also gleichsam nur die Struktureinheit der Bestäubung darstellt, ist eine Blume jeweils deren Funktionseinheit. In vielen Fällen ist eine Blüte tatsächlich auch gleichzeitig eine Blume, denn sie arbeitet – wie etwa die Beispiele Glockenblume oder Vergissmeinnicht zeigen – als gesamthaftes Arrangement mit definiertem Aufbau und einheitlicher Funktion. Es geht aber auch ganz anders: Bei der Schwertlilie (Gattung *Iris*) liegt eine klar strukturierte einzelne Blüte mit allen erforderlichen Bauteilen vor, aber sie funktioniert überraschenderweise wie drei verschiedene. Die eine konturgenau umrissene Schwertlilienblüte umfasst nach bestäubungstechnischen Kriterien tatsächlich drei klar getrennte Schwertlilienblumen mit jeweils separatem Eingang für den Blütenbesucher. Eine solche Konstruktion nennt man Meranthium. Dieser Fall ist in der Natur nicht gar zu häufig vertreten. Völlig andere Verhältnisse trifft man bei Gänseblümchen oder Sonnenblume an. Beide Arten gehören der großen Pflanzenfamilie Asteraceae (Korbblütengewächse) an, die man früher als Compositen bezeichnete, weil ihre Blütenkörbe tatsächlich aus einer großen Anzahl Einzelblüten bestehen – in beiden Beispielen aus sterilen randlichen Zungenblüten und vielen in der Mitte zusammengepferchten fertilen Röhrenblüten. Die Korbblüten von Gänseblümchen und Sonnenblume sind also strukturell gesehen ein echter komplexer Blütenstand, funktionieren aber einheitlich als Blume – und heißen folgerichtig auch so.

Alltagsbegriffe sind mitunter in ihrem Begriffsinhalt stark verschliffen und verschleiern mehr, als sie erklären. Erst mit etwas erweitertem Wissen um die tatsächlichen Sachverhalte wird das verständliche Entzücken beim bloßen Anblick einer schönen Blume zu einem vertiefenden Seh-Erlebnis.

Vorhergehende Doppelseite:
Tulpenblüte vor dem Aufblühen: Der Querschnitt ist ein perfektes Blütendiagramm.

Faszinierend: Fast alle Blüten bestehen aus den gleichen Bauteilen, und dennoch sieht jede anders aus: Balkan-Windröschen *(Anemone blanda)*, ein in Gärten häufig zu sehender Frühblüher.

Mehr Wissen bereitet auch bei der Betrachtung von Blüten und Blumen mehr Freude. Die unbelastete Freude über ungewöhnliche Formen und tolle Farben lässt sich erfahrungsgemäß doch beträchtlich steigern, wenn man die Formgefüge und Farbeffekte irgendwie in eine umfassendere Gesamtinszenierung ein- oder zuordnen und vielleicht sogar stilistische Unterschiede benennen kann.

Nur die Kenntnis der Details hilft weiter: Blüte der Elsbeere *(Sorbus torminalis)*.

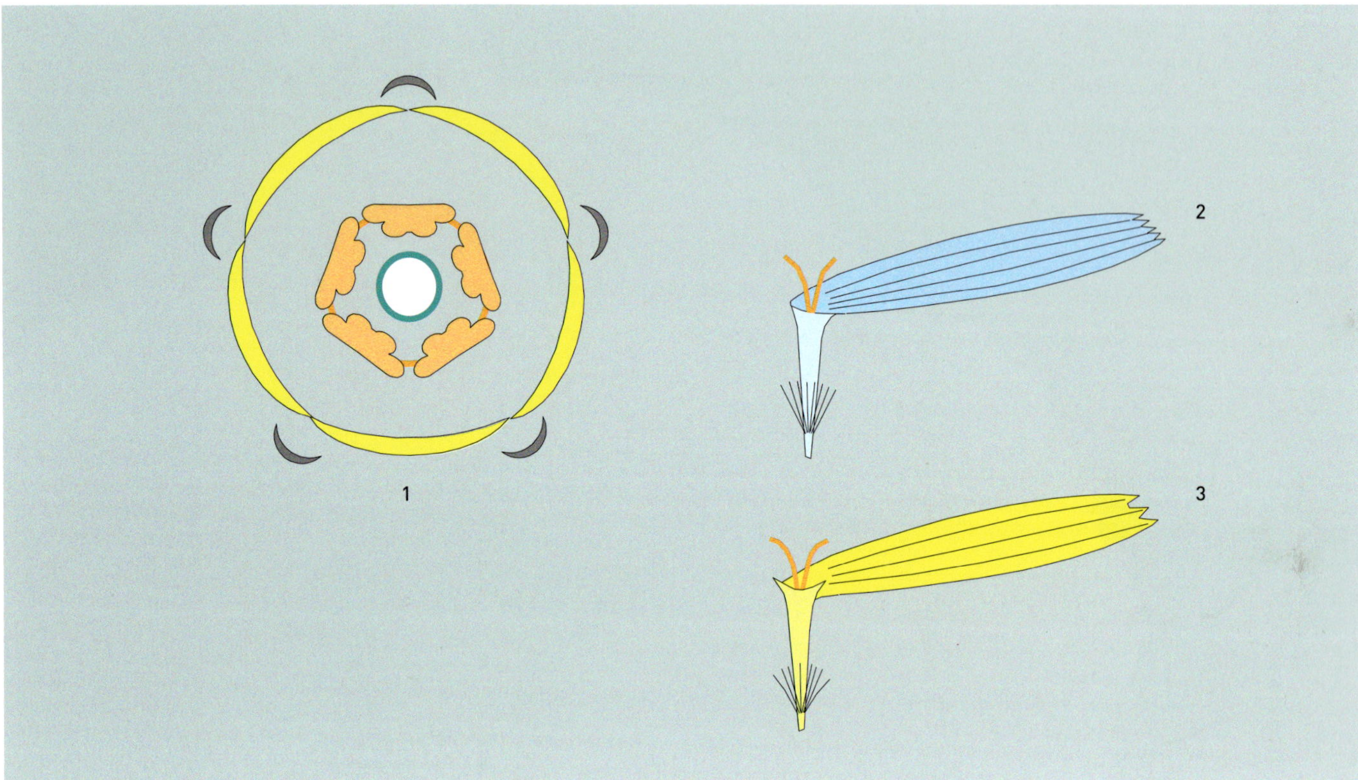

Blütenaufbau bei liguliforen und tubulifloren Asteraceae:
1 Diagramm einer Röhrenblüte (Gänseblümchen, *Bellis*),
2 fünfzipfelige Zungenblüte der Liguliforen (Wegwarte, *Cichorium*)
3 dreizipfelige Zungenblüte der Tubulifloren (Löwenzahn, *Taraxacum*),

Blüten haben im Laufe der Evolution immer komplexere Formen angenommen: Querschnitt durch die Blüte des Blauglockenbaums *(Paulownia tomentosa)*.

3 Blütenarchitektur – ein kleiner Überblick

Blüten sind nur Blätter

Im Prinzip ist der Aufbau einer Blüte ziemlich einfach zu durchschauen, vor allem deswegen, weil fast alle Blüten nach dem gleichen Grundbauplan angelegt sind und tatsächlich nur aus Blättern bestehen. Bei den Moosen finden sich erste vorsichtige Andeutungen. Bei den Farnen ist das Konzept bereits durchgehend gefestigt, und für die Blütenpflanzen gilt es uneingeschränkt: Eine Pflanze besteht – gleichgültig wie sie auch im Detail aussehen mag – immer nur aus den drei Grundorganen Wurzel, Sprossachse und Blatt. Blätter (ent)stehen nur an der Sprossachse und niemals an einer Wurzel. Sprossachse und Blätter als ihre Anhangsorgane bilden zusammen den Spross. Weil eine Blüte, wie im vorigen Kapitel dargestellt, in einfachster Betrachtung ein stark gestauchtes Sprossachsenende mit mehreren Sporophyllen im Dienst der geschlechtlichen Fortpflanzung darstellt, ist sie lediglich ein umgestaltetes Sprossende. Die einzelnen Organe einer Blüte sind demnach ausnahmslos umgebaute und entsprechend ihrer Aufgabenstellung speziell zugeformte Blätter.

Bei der Blütenhülle ist das noch ohne Weiteres einzusehen. Bei vielen Blüten bleiben die Kelchblätter auch nach dem Aufblühen grün, während die Kronblätter sich mitunter erst nach der Knospenöffnung ausfärben. Bei den Staubblättern ist die Blattnatur nicht so einfach zu erkennen. Betrachtet man vergleichend die Staubblätter einiger tropisch verbreiteter Pflanzenarten, lässt sich eine recht überzeugende Formenreihe mit schrittweise umgesetzter Vereinfachung von einer flächigen, fast noch wie ein Laubblatt aussehenden Konstruktion bis hin zum üblichen Gestaltungsmodell mit schmalem Stielchen (Filament) und großen Staubbeuteln (Antheren) zusammenstellen. Dem vergleichsweise schwach entwickelten Leitbündel in der Antherenmitte fällt allerdings die wichtige Aufgabe zu, alle für die Pollenentwicklung in den Pollensäcken der benötigten Materialien heranzutransportieren. Ferner sind die Staubblätter zu keinem Zeitpunkt ihrer Entwicklung fotosynthetisch aktiv und deshalb notwendigerweise Stoffimportregionen. Außerdem erfolgt die Pollenkornentwicklung bereits geraume Zeit vor der Blütenentfaltung in der noch fest verschlossenen Knospe, und dann ist es in deren Inneren noch ziemlich dunkel. Auch bei den Fruchtblättern fällt der Blattcharakter nicht sofort ins Auge, zumal bei sehr vielen Blütenpflanzen mehrere Fruchtblätter an den Rändern zu einem rundlichen, einheitlichen Hohlkörper, dem Fruchtknoten, verwachsen sind.

Für die Blattnatur der Blütenorgane spricht natürlich auch, dass sie ganz oben am Sprossvegetationspunkt genauso wie übliche Laubblätter als höckerförmige Ausbeulungen angelegt werden und in ihrem inneren Aufbau die gleichen Blattgewebe

Die Blüte lässt sich als ungestrecktes Sprossachsenende mit extrem kurzen Internodien und stark umgewandelten Blattorganen auffassen.

Denkbarer Weg der Staubblattentwicklung: Anfangs liegen die Mikrosporangien noch frei auf der Blattfläche, zuletzt sind sie als Pollensäcke zu Antheren zusammengefasst.

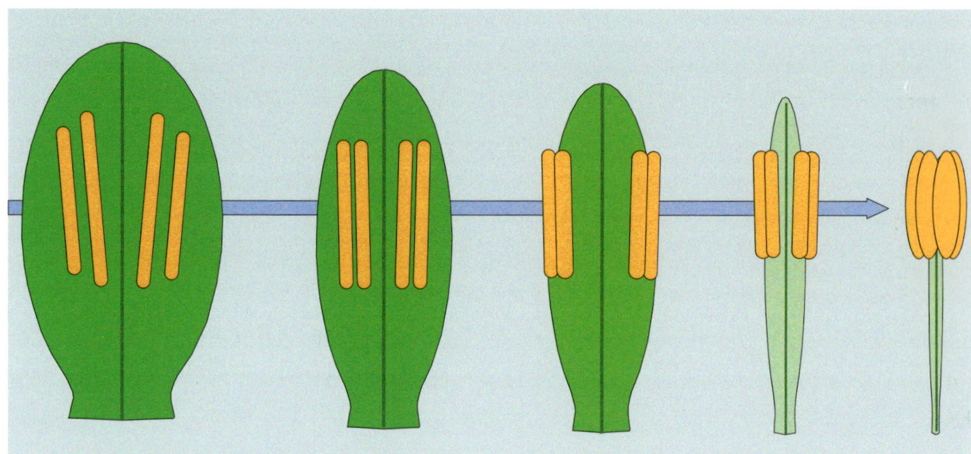

aufweisen. Diese Kenndaten sind allerdings nur der mikroskopischen Untersuchung zugänglich. Lange Zeit war es völlig geheimnisvoll, wie ein konventionell in die Länge wachsendes Sprossachsenende plötzlich umgesteuert wird und zur Blütenblattbildung übergeht. Eine der wichtigsten Umweltgrößen, die hier auslösend eingreift, ist bei vielen Arten die zunehmende Tageslänge im Frühjahr. Die veränderte Fotoperiode veranlasst in der Pflanze die Produktion bestimmter Hormone, und die steigen durch das Leitgewebe nach oben. Der Befehl zur Um- und Ausbildung der Blüte kommt gleichsam per Rohrpost oben an.

Im Grunde ganz einfach

Die Einheitlichkeit im Bauplan der Blüten zeigt sich besonders überzeugend darin, dass man – von der generellen Blattnatur der Blütenteile abgesehen – ein allgemeines Schema entwickeln kann, das überraschend auf alle möglichen der nicht gerade wenigen Abwandlungen und Sonderausbildungen passt.

Nur bei den Bedecktsamern gehört zur Blüte fast immer auch eine Blütenhülle, die in jedem Fall Schutzfunktionen wahrnimmt und oft auch Bestandteil von heftigen Werbeauftritten ist. Bei den schon erwähnten Rosen, bei den Vertretern der Kreuzblütengewächse, der Nelkengewächse sowie der Schmetterlingsblütengewächse und vieler anderer Familien lassen sich in der Blütenhülle zwei verschieden gestaltete Blatttypen unterscheiden: Zuunterst tritt ein als Kelch (Calyx) bezeichnetes Blattensemble mit meist eher unauffällig grünen und recht kräftigen Kelchblättern (Sepalen) auf. An der entfalteten Blüte müssen sie nicht mehr unbedingt vorhanden sein, weil sie schon beim Aufblühen eventuell abfallen wie beim Klatsch-Mohn *(Papaver rhoeas)*. Bei anderen Pflanzen sind die Kelchblätter sogar kräftig ausgefärbt und dann wirksamer Bestandteil der Gesamterscheinung wie etwa bei den Zaubernuss-Arten (*Hamamelis* spp.). Beim Heidekraut *(Calluna vulgaris)* sehen die Kelchblätter genauso aus wie sehr kleine Kronblätter. Bei vielen Verwandtschaftsgruppen wie bei den Raublattgewächsen und bei den Lippenblütengewächsen übernimmt der Kelch wichtige Aufgaben bei der Ausbreitung der Samen beziehungsweise Früchte. Bei der Judenkirsche *(Physalis alkekengi)* bläht sich der Kelch bei der Fruchtreife zu einem auffällig ausgefärbten, dekorativen und lampionartig geformten Gebilde auf. Bei manchen Arten umgibt den Kelch noch ein besonderer Außenkelch, so beispielsweise bei den Malven- und bei den Windengewächsen.

Blüten bestehen nur aus Blättern: Bauteile einer vollständigen Angiospermenblüte im Profil.

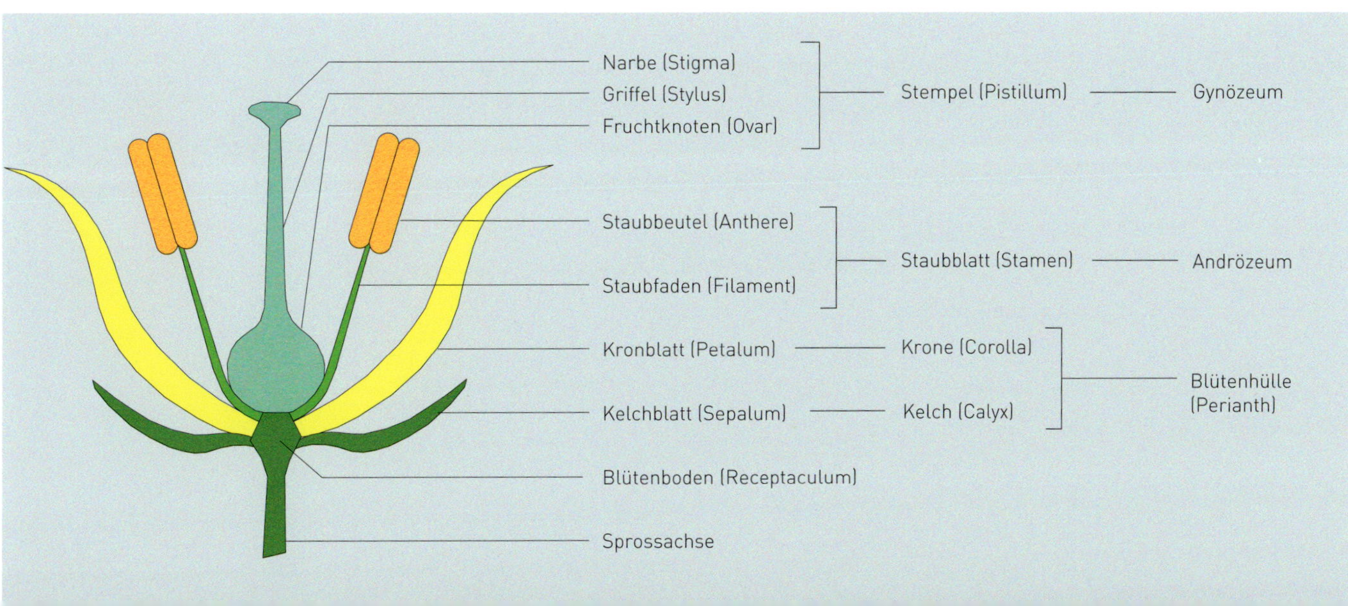

Üblicherweise folgen auf die Kelchblätter die deutlich größeren und vor allem auffällig gefärbten Kron- oder fallweise auch Blumenblätter (Petalen) genannten Gebilde. Sie bewerkstelligen gewöhnlich das blumige Gesamtoutfit einer Blüte und bringen in deren Erscheinungsbild geradezu unglaubliche visuelle Knalleffekte zuwege. Die Blütenhülle in der am weitesten verbreiteten Standardversion einer Blüte ist demnach zweiteilig und besteht aus Kelch sowie Krone. Ein solches Arrangement bezeichnet die Fachwissenschaft als doppelte Blütenhülle (Perianth).

Natur ist niemals so ganz einfach und einheitlich. So gibt es bei der Blütenhülle interessante Komplikationen. Allein die heimische oder in Gärten zu bestaunende Pflanzenwelt bietet dazu anschauenswerte Alternativen: Bei Gladiole, Krokus, Lilie, Schwertlilie, Tulpe oder anderen Gartenschönheiten ist die Unterscheidung zwischen grünem Kelch und farbiger Krone gar nicht möglich. Nach dem Aufblühen sind bei diesen Pflanzen alle Blütenhüllblätter blumig bunt. Die Lehrbücher der Botanik und auch die meisten Bestimmungsbücher sprechen dann von einer einfachen Blütenhülle (Perigon) und nennen ihre Einzelelemente Perigonblätter beziehungsweise Tepalen. Das hört sich nach einer klaren Festlegung an, ist es aber nicht.

Die begriffliche Unterscheidung von Perianth und Perigon ist nämlich ausgesprochen unglücklich und im Grunde genommen eher verwirrend als hilfreich. Erstens können auch beim Perianth die äußeren Elemente blumig sein, zweitens gehören die Teile eines Perigons immer zwei verschiedenen Etagen der Blütenhülle an und sind drittens nur in den seltensten Fällen untereinander völlig oder zumindest weitgehend gleich – wie bei vielen Gartentulpen und auch bei Goldstern (*Gagea* spp.), Zwiebel (*Allium* spp.), Lilie (*Lilium* spp.) sowie Herbst-Zeitlose *(Colchicum autumnale)*, Affodil *(Asphodelus albus)*

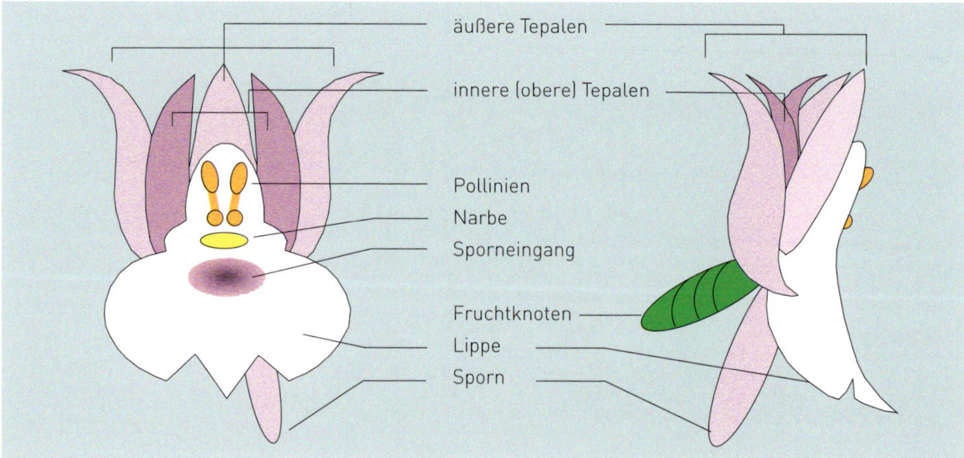

Aufbau einer Orchideenblüte: Die Tepalen sind Perigonblätter – der äußere und der innere Kreis sind meist stark formverschieden. Die besonders groß und auffällig gestaltete Lippe ist das (in Endposition) untere innere Perigonblatt.

Die Breitblättrige Sumpfwurz *(Epipactis helleborine)* ist eine der häufigsten heimischen Orchideen und bestens geeignet zum Studium des Blütenaufbaus.

In der Blüte der Zaubernuss *(Hamamelis mollis)* sind auch die Kelchblätter gefärbt.

oder Krokus (*Crocus* spp.). Sonst überrascht die Natur eher mit einer ganz anderen gestaltlichen Lösung: Bei der Wild-Tulpe *(Tulipa sylvestris)* sind die drei äußeren Blütenhüllblätter deutlich kleiner als die inneren, beim Schneeglöckchen *(Galanthus nivalis)* fallen sie völlig formverschieden aus und sind auch bei sämtlichen Arten der Schwertlilien (Gattung *Iris*) klar zu unterscheiden. Bei allen Orchideen, mit über 30 000 bisher beschriebenen Arten und ungezählt reichlich vorhandenen Varietäten die umfangreichste Blütenpflanzenfamilie überhaupt, sind die äußeren und inneren Perigonblätter generell grundverschieden. Wegen dieser beachtlichen Begriffsunschärfe und der zahlreichen Ausnahmen verwendet dieses Buch nur ausnahmsweise die Bezeichnung Perigon beziehungsweise Tepalen und spricht in den betreffenden Fällen lieber von äußeren beziehungsweise inneren Blütenhüllblättern. Man sollte den Begriff Perigon auch in der Fachwissenschaft besser völlig aufgeben.

Beim Schneeglöckchen *(Galanthus nivalis)* sind äußere und innere Blütenhüllblätter stark unterschiedlich.

Blümchensex hinter Kelch und Krone

In einer vollständigen Blüte folgen auf die inneren Blätter der Blütenhülle die mehr oder weniger zahlreichen Staubblätter (Stamina) – so bezeichnet, weil sie den pulverfeinen Blütenstaub (Pollen) hervorbringen.

Kritisch und überdenkenswert wird die Sache jedoch, wenn man die Staubblätter (siehe Grafik Seite 76) vereinfachend und etwas treuherzig als «männliche Geschlechtsorgane» der Blüte bezeichnet. Schauen wir doch noch einmal genauer hin: Ein männliches Geschlechtsorgan produziert definitionsgemäß die männlichen Geschlechtszellen. Die vergleichende Ableitung der Blüte von den Sporophyllen der Farnpflanzen belegt

Beeindruckende Anatomie bis ins Detail: Blüte der Kornrade *(Agrostemma githago)* im Längsschnitt – ein klarer Fall für die Lupe.

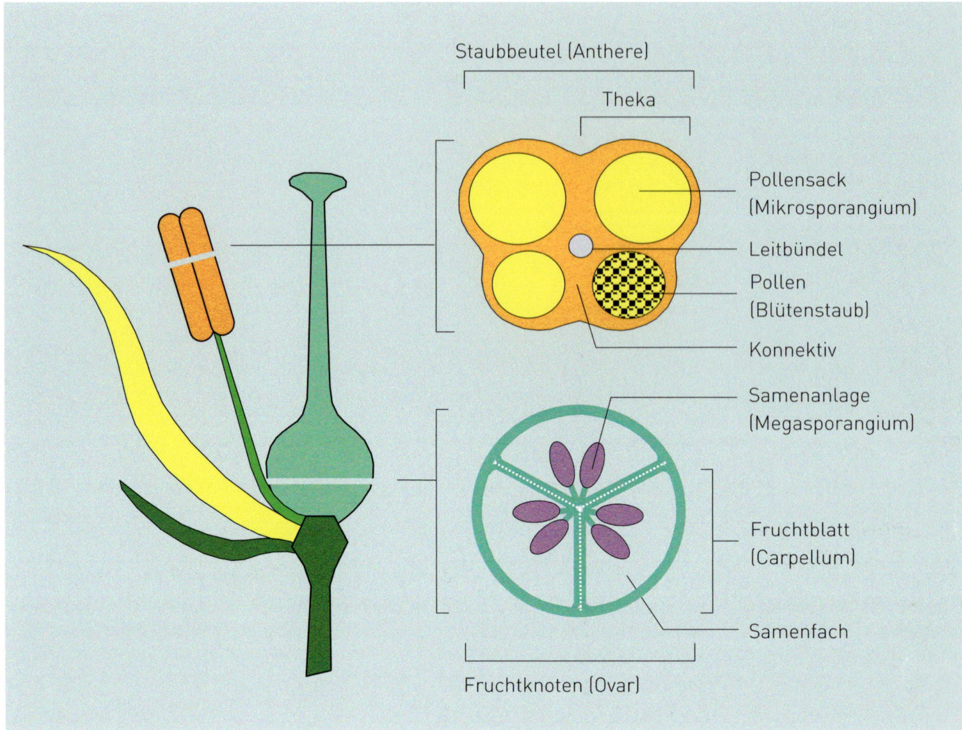

Aufbau der inneren Blütenorgane

aber eindeutig, dass ein Staubblatt ein Mikrosporangium ist, welches konsequenterweise nur Mikrosporen hervorbringt, und diese dienen wie alle Sporen ausschließlich der ungeschlechtlichen (!) Vermehrung. Von einem Sexualprozess kann hier also beim besten Willen keine Rede sein. Spätestens an dieser Stelle gerät die leider auch oft lehrbuchnotorische Begriffsverwendung in eine beträchtliche Schieflage; sie ist genau betrachtet sogar falsch. Erst in den Pollenkörnern (Mikrosporen) entwickelt sich ein stark vereinfachter männlicher Gametophyt, und erst dieser steuert die männlichen Gameten (Geschlechtszellen) bei. Insofern ist die Pollenübertragung zwischen den Blüten (= Bestäubung) absolut kein Sexualakt, auch wenn leicht naiv anmutende Versuche an diesem Beispiel das Wesen der Sexualität zu erklären versuchen. Der eigentliche pflanzliche Sexualprozess findet erst tief unten in den Samenanlagen statt. Die vermeintliche Analogie zu den Sexualprozessen bei Tieren (und Menschen) ist zwar naheliegend und irgendwie rührend, biologisch grundfalsch und – um im Bild zu bleiben – total verstaubt. Dennoch ist für die Gesamtheit aller Staubblätter einer Blüte die Bezeichnung Andrözeum (sinngemäß übersetzbar als Männerhaus) üblich und selbst in höchst akademischen Abhandlungen verankert.

Früher Fruchtblatt, später Früchtchen

Die gleichen Bedenken betreffen die Bewertung der Fruchtblätter, die in der Blüte immer ganz oben beziehungsweise in deren Zentrum stehen. Die Notierung als «weibliche Geschlechtsorgane» verkennt ebenfalls die biologische Sachlage. Ein Fruchtblatt (Karpell) trägt eine oder mehrere Samenanlagen mit dem stark vereinfachten weiblichen Gametophyten, und erst darin findet ganz im Verborgenen mit der Befruchtung und der Zusammenführung der männlichen und weiblichen Gametenkerne der eigentliche Sexualvorgang statt. Dennoch wurde für die meist miteinander zum einheitlichen Fruchtknoten verwachsenen Fruchtblätter der Begriff Gynözeum (wörtlich übersetzbar mit Frauenhaus vom altgriechischen *gyne* = Frau und *oikos* = Haus) geschaffen und in der Lehrbuchwelt zementiert. Die Samenanlagen im Inneren des Fruchtknotens – und auch das ist eines der vielen Blütengeheimnisse – können vielerlei und für einzelne Verwandtschaftsgruppen typische Sitzplätze aufweisen.

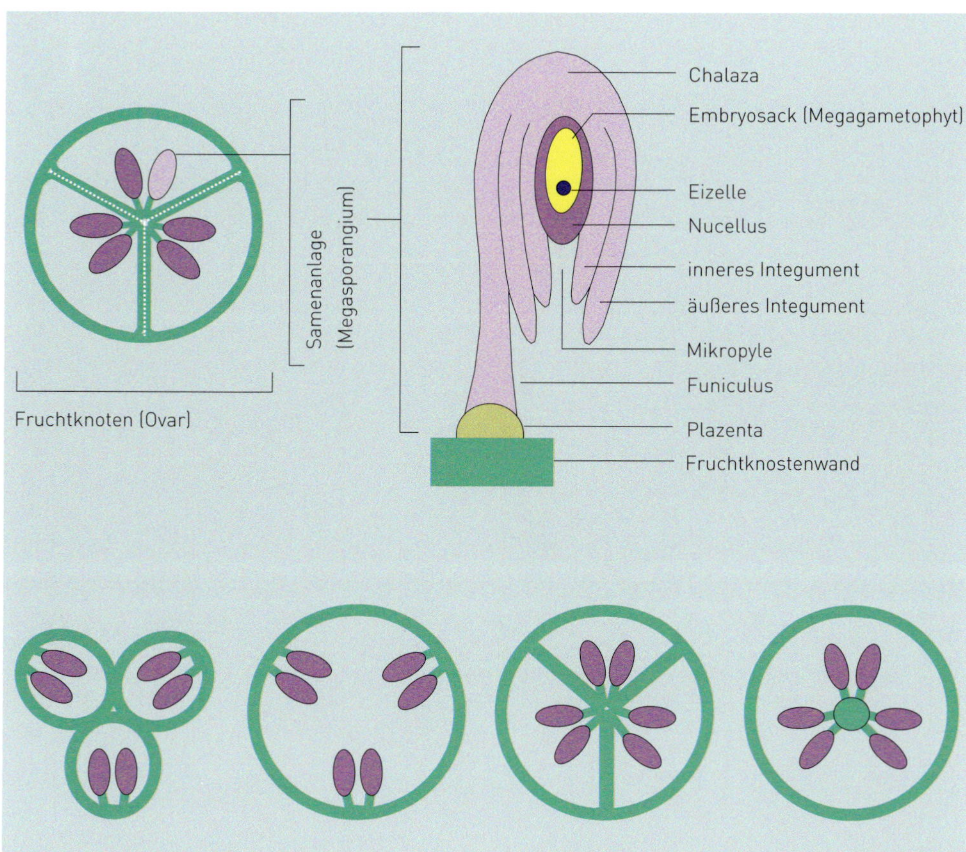

Aufbau der Samenanlage (Megasporangium): Im Fruchtknoten sind die (meist zahlreichen) Samenanlagen unterschiedlich positioniert. Möglichkeite ihrer Plazentation sind: 1 chorikarp, 2 parakarp/parietal, 3 synkarp/zentralwinkelständig (axil), 4 parakarp/zentral frei

Entwicklung des männlichen (Rest-)Gametophyten im Pollenkorn

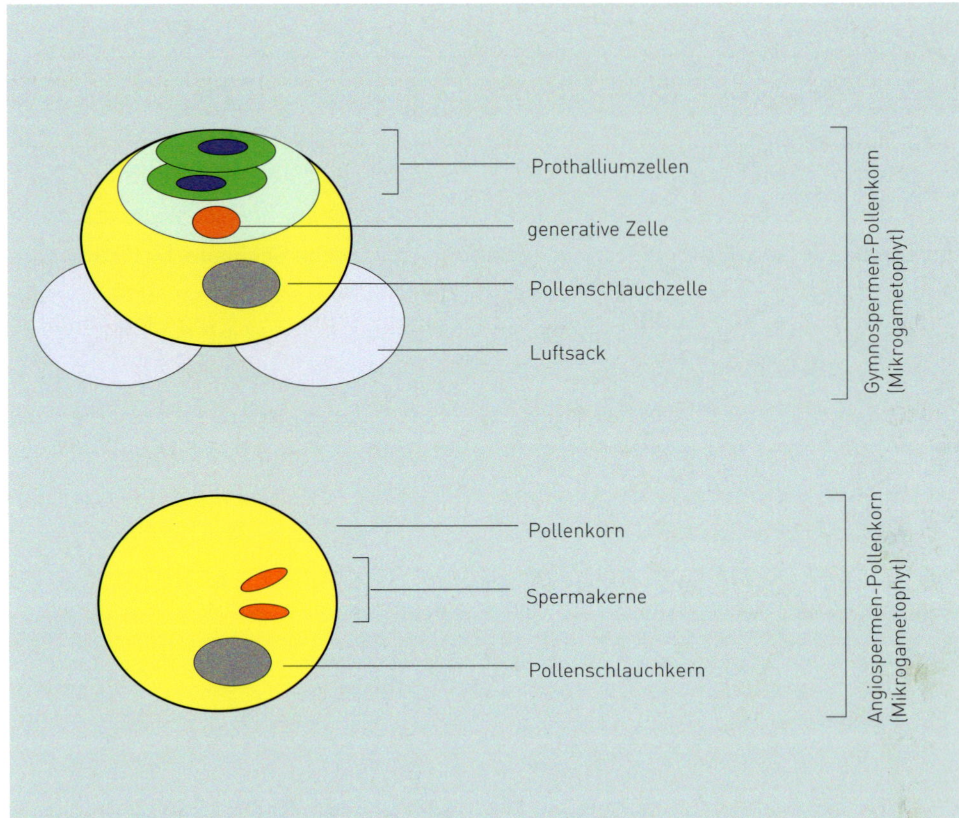

Entwicklung des weiblichen (Rest-)Gametophyten in der Samenanlage

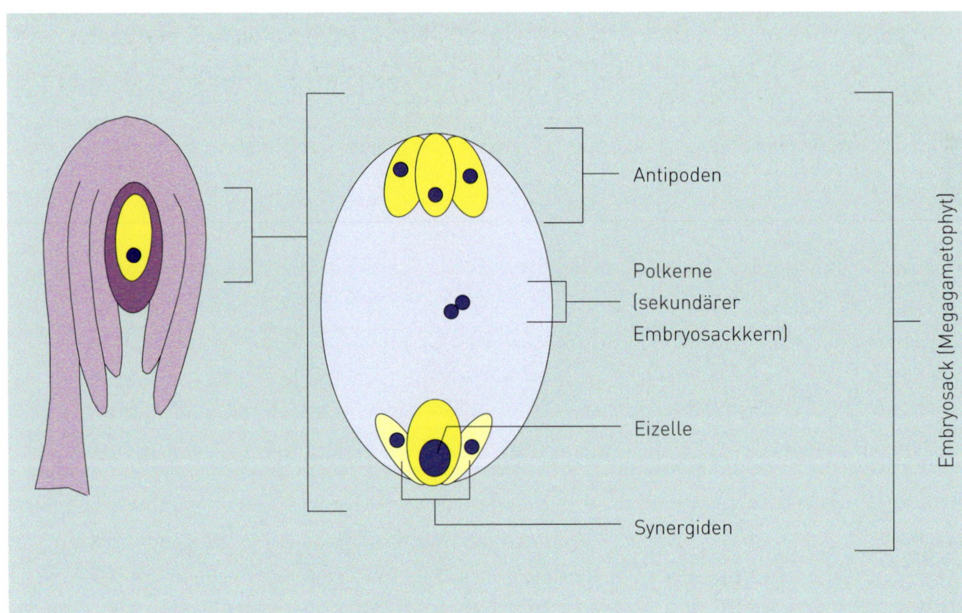

Nach der Blütezeit, von der Knospenöffnung bis zum Abwelken zusammenfassend Anthese genannt, ist eine Blume meist nicht mehr besonders ansehnlich, obwohl sie auch jetzt noch viele faszinierende Abläufe zu bieten hat: Nach erfolgter Bestäubung und erfolgreicher Befruchtung wandelt sich der Fruchtknoten in ein junges Früchtchen um. Die in der Blüte meist grünliche und oft ziemlich dünne Fruchtknotenwand wird dabei zur kräftigen und später gänzlich anders ausgefärbten Fruchtschale. Die verführerische Kirsche aus Nachbars Garten, die betörend duftende Orange und die so rätselhaft krumme Banane waren einmal kleine grünliche und unauffällige Fruchtknoten mit durchaus geheimnisvollem Innenleben, auf die in der Zeit der Fruchtreife eine völlig neue Karriere wartet.

Die äußere Form lässt die detailreichen inneren Verhältnisse kaum ahnen: Blüte der Weinraute *(Ruta graveolens)*.

Alle auf dem rechten Platz

Beim Blick auf eine nicht blühende Pflanze mit beblättertem Stängel mag es zunächst so aussehen, als wären die einzelnen Laubblätter ziemlich regellos über die Achsenstrecke verteilt. Aber wie so oft im Leben – der erste Eindruck täuscht. Die Positionierung der grünen Blätter folgt einem geradezu mit mathematischer Akribie festgelegten Programm mit strenger Sitzordnung. Sprossachse beziehungsweise Stängel gliedern sich in Knoten (Nodien) und die Abschnitte dazwischen (Internodien). Sitzt an einem Knoten nur ein Blatt, steht das Blatt des nächst höheren Knotens nicht genau darüber, sondern ist um einen bestimmten Winkelbetrag versetzt. Die Blätter sind dann wechselständig. Von unten nach oben ergibt ihre Abfolge eine regelmäßige Spirale. Nun kann man die Zahl der Umläufe bestimmen, um wieder auf ein höheres Blatt zu treffen, das (einigermaßen) genau über einem tieferen Vorgänger steht. Das lässt sich höchst elegant als Bruchzahl ausdrücken – die Zahl der benötigten Umläufe schreibt man in den Zähler, die Anzahl der beim spiraligen Aufstieg angetroffenen Blätter in den Nenner. Überraschend ergeben sich dann mit 1/2, 1/3, 2/5, 3/8 und 5/13 nur relativ wenige Grundtypen. Noch überraschender ist, dass diese von den Botanikern Karl Schimper (1803–1867) sowie Alexander Braun (1805–1877) um 1830 herausgefundene Regelhaftigkeit exakt der berühmten Zahlenreihe entspricht, die nach dem italienischen Mathematiker Fibonacci (eigentlich Leonardo von Pisa, 1170–1250) benannt ist: Die Zähler- und die Nennersumme zweier Brüche ergeben die jeweils folgende Bruchzahl. Besonders eindrucksvoll zeigt sich gleichsam das Projektionsbild einer Fibonacci-Reihe bei Pflanzenarten, die wie Breitblättriger Wegerich (*Plantago major*) oder die Königskerzen-Arten (*Verbascum* sp.) eine vielgliedrige Blattrosette dicht am Boden entwickeln.

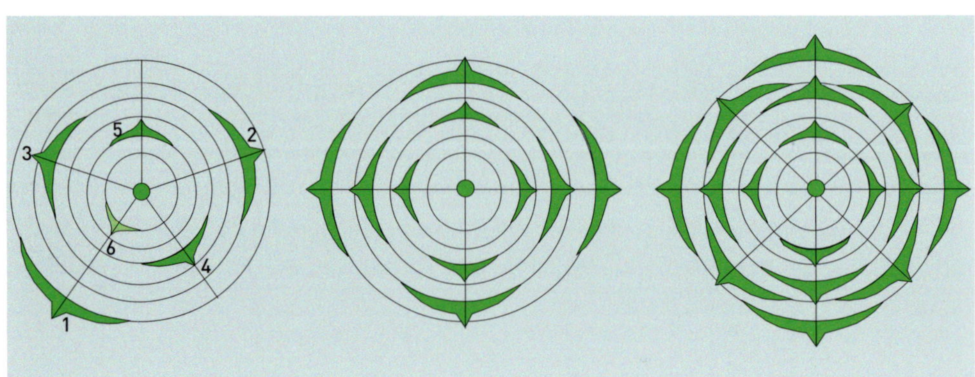

Verschiedene Möglichkeiten der Blattstellung: wechselständig, zerstreut bzw. spiralig (links), gegenständig (dekussiert, Mitte) und quirlständig (wirtelig, rechts). Von der quirlständigen Blattstellung lassen sich alle Blütentypen ableiten.

Nun gibt es bei den höheren Pflanzen außer der wechselständigen auch noch andere Blattstellungen: An einem Knoten sitzen dann zwei Blätter genau gegenüber, was man als gegenständig bezeichnet. Geradezu familientypisch ist dieses Blattarrangement bei den Lippenblütengewächsen. Alternativ finden sich mit den Wirteln, auch Quirle genannt, sogar mehr als zwei einzelne Blätter an einem Knoten, wie man es vom Waldmeister *(Galium odoratum)* und anderen Rötegewächsen kennt. Besonders die wirtelige Anordnung erleichtert das Verständnis des Blütenaufbaus sehr, denn sie liegt den meisten Blütentypen zu Grunde. Dabei gelten nicht mehr die Fibonacci-Zahlen, sondern andere geometrische Konstruktionsprinzipien.

Striktes Reglement – auch in der Blüte des Garten-Krokus *(Crocus chrysanthus)*

Fibonacci-Zahlen in der Grundblattrosette einer Königskerze (*Verbascum* sp.): Die Blätter bilden in ihrer Abfolge eine logarithmische Spirale.

Achsen, Winkel und Etagen

Ein seitlicher Aufriss (schematischer Längsschnitt) einer Blüte zeigt, dass deren verschiedene Blattorgane jeweils auf besonderen Ebenen beziehungsweise Etagen untergebracht sind. Liegt ein Perianth vor, besetzen die Kelchblätter die unterste Ebene, gefolgt von den Kronblättern auf einer eigenen Ebene, den oft auf zwei Etagen verteilten Staubblättern und den Fruchtblättern in Toplage. Die vollständige Blüte der Bedecktsamer lässt sich demnach als fünfstöckiges Gebäude beschreiben. Von oben in der Zentralperspektive betrachtet, scheinen alle Blattelemente jeweils auf Kreisen aufgestellt. Folglich spricht man jeweils von Kelch-, Kron-, Staub- und Fruchtblattkreis(en). Die benannte Blüte mit ihren fünf Blattkreisen nennen die zu ausufernden Fachausdrücken neigenden Biologen daher pentazyklisch (fünfkreisig).

Genaueres Hinsehen deckt weitere bemerkenswerte und keineswegs selbstverständliche Raumbeziehungen auf: Die Elemente eines bestimmten Blattkreises, sagen wir der Kronblätter in einer Rapsblüte, schließen zwischen sich allesamt den gleichen Winkel ein. Bei einem vierzähligen (tetrameren) Kronblattkreis wie bei den Kreuzblütengewächsen kann das jeweils nur ein rechter Winkel (R = 90 Grad) sein, bei der

Die Alternanzregel besagt, dass die Bauteile aufeinanderfolgender Blattkreise jeweils auf Lücke gestellt sind.

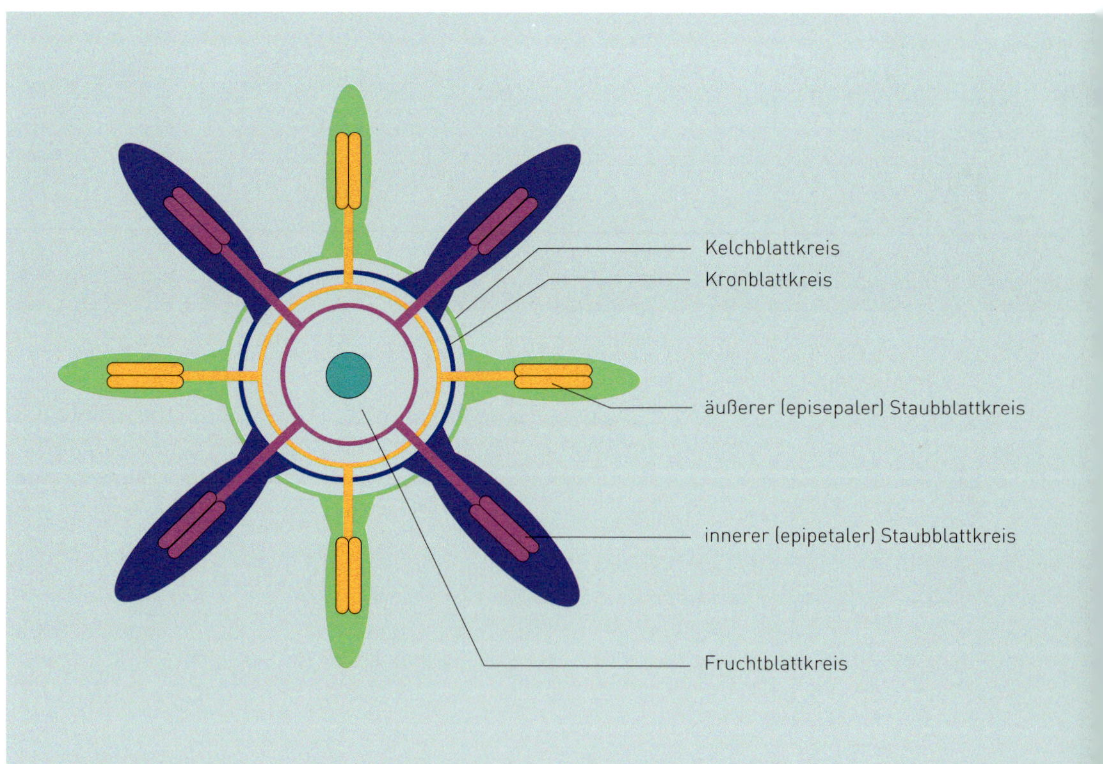

fünfzähligen (pentameren) Hecken-Rose sind es jeweils 72 Grad, bei der dreizähligen (trimeren) Tulpe einheitlich 120 Grad. Gleiches findet man auch für die Elemente des vorangegangenen und des nachfolgenden Funktionsblattkreises. Die Konstanz im Winkelabstand der Blütenkreisteile untereinander nennt man Äquidistanz. Sie beschreibt eine feste und interessanterweise kaum einmal durchbrochene Bauregel der Blüten.

Das Projektionsbild einer Blüte lässt noch eine bedeutsame Bauregel erkennen: Vergleicht man die Elemente zweier aufeinanderfolgender Blattkreise, so stehen die weiter oben (beziehungsweise innen) Positionierten exakt auf der Winkelhalbierenden ihrer Vorgänger und befinden sich somit liniengenau auf Lücke. Zwischen dem Kelchblatt einer Rapsblüte und einem der beiden Kronblätter auf der Folgeebene klafft daher ein Winkel von R/2 = 45 Grad, und bei den nachfolgenden Funktionsblättern ist es jeweils genauso. Die Funktionsblätter aufeinander folgender Blattkreise alternieren also ebenfalls winkeltreu, was man ganz einfach als Alternanz(regel) beschreibt. Diese strikt eingehaltene Raumordnung erlaubt weitere Positionsbezeichnungen: Das in der Lücke zwischen den Kronblättern stehende Staubblatt befindet sich wegen der benannten Winkelverhältnisse genau vor einem Kelchblatt und heißt deswegen episepal. Ein Staubblatt des zweiten, weiter oben beziehungsweise innen gelegenen Kreises nimmt die Mittellage zwischen den beiden episepalen Vorgängern ein, steht damit direkt vor einem Kronblatt und heißt deshalb epipetal.

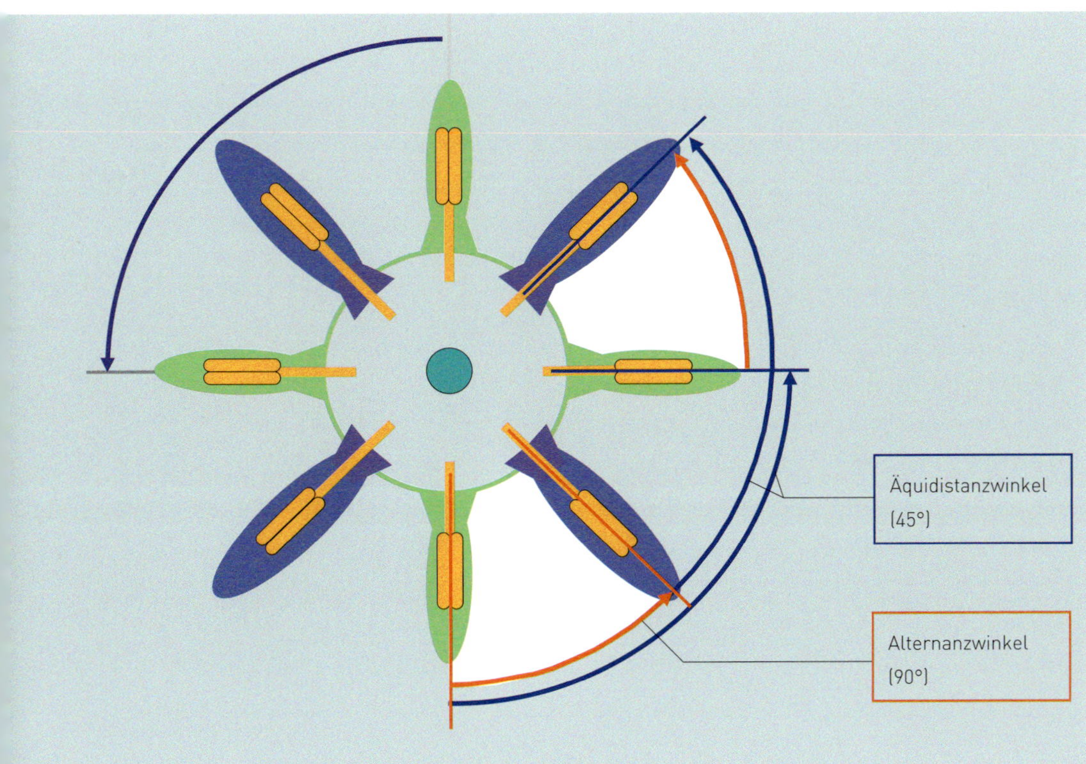

Nach der Äquidistanzregel weisen alle Glieder der verschiedenen Blütenblattkreise untereinander die gleichen Abstandswinkel auf.

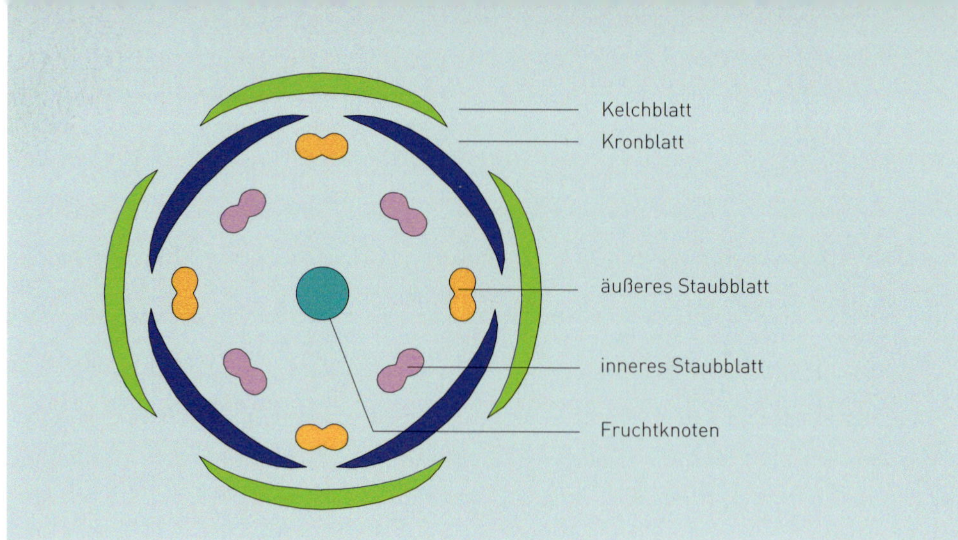

Aus dem Projektionsbild der Blüte in den Grafiken auf den Seiten 74 und 75 lässt sich mit einfachen Mitteln eine Grundrissdarstellung und somit ein Blütendiagramm ableiten.

Diese zuverlässige Geometrie in der Anordnung der einzelnen Blütenblätter brachte den Kieler Botaniker August Wilhelm Eichler (1839–1887) um 1880 auf eine geniale Idee: Er entwickelte eine im Prinzip überraschend einfache Darstellungstechnik, mit der sich Art, Anzahl und Stellung der einzelnen Blütenelemente nach Maßgabe der Äquidistanz und Alternanz in Architektenmanier gleichsam als Blütengrundriss wiedergeben lassen. Damit war das Diagramm erfunden. In seinem zweibändigen Hauptwerk mit dem erstaunlich einfachen Titel *Blütendiagramme* veröffentlichte Eichler mehr als 400 diagrammatische von ihm über mehr als ein Jahrzehnt entwickelte Einzeldarstellungen, die zwar zu seiner Zeit von den Fachgenossen ein wenig belächelt wurden, sich aber bis heute für Fragen der natürlichen Verwandtschaft und Systematik als äußerst aufschlussreich erwiesen. Nur über ein vereinfachendes und in gewissem Maße natürlich immer abstrahierendes Diagramm erschließen sich die vielen Abwandlungen und Sonderwege, die letztlich die atemberaubende Vielfalt der Blüten und Blumen ausmachen. Eine kleine Auswahl der vielen in der heimischen Flora realisierten Möglichkeiten zeigt das nebenstehende Schema. Wenn man sich die Position der Blütenhüllblätter ganz genau anschaut, entdeckt man kleine, aber bemerkenswerte Spezialarrangements: Nicht bei allen Blüten stehen die Hüllblätter ganz genau nebeneinander auf einem Kreis. Vielmehr sind sie mitunter wie die Schaufeln von Mühlrädern leicht schräg gestellt oder sie überdecken sich nach gewissen Regeln mit den Rändern. Mithilfe eines Diagramms und der erwähnten Bauregeln (Grafiken Seite 74 und 75) lässt sich auch feststellen, dass in manchen Familien eine Vervielfachung bestimmter Blütenorgane stattgefunden hat. Das betrifft beispielsweise die Staubblätter bei vielen Rosengewächsen. Am Beispiel dieser großen Pflanzenfamilie lässt sich auch aufzeigen, dass der Fruchtknoten in Bezug auf den Blütenboden verschiedene Positionen einnehmen kann.

In wenigen Fällen müsste man für die Blüten einer Art zwei verschiedene Diagramme zeichnen. Das unscheinbare, aber recht hübsche heimische Moschuskraut *(Adoxa*

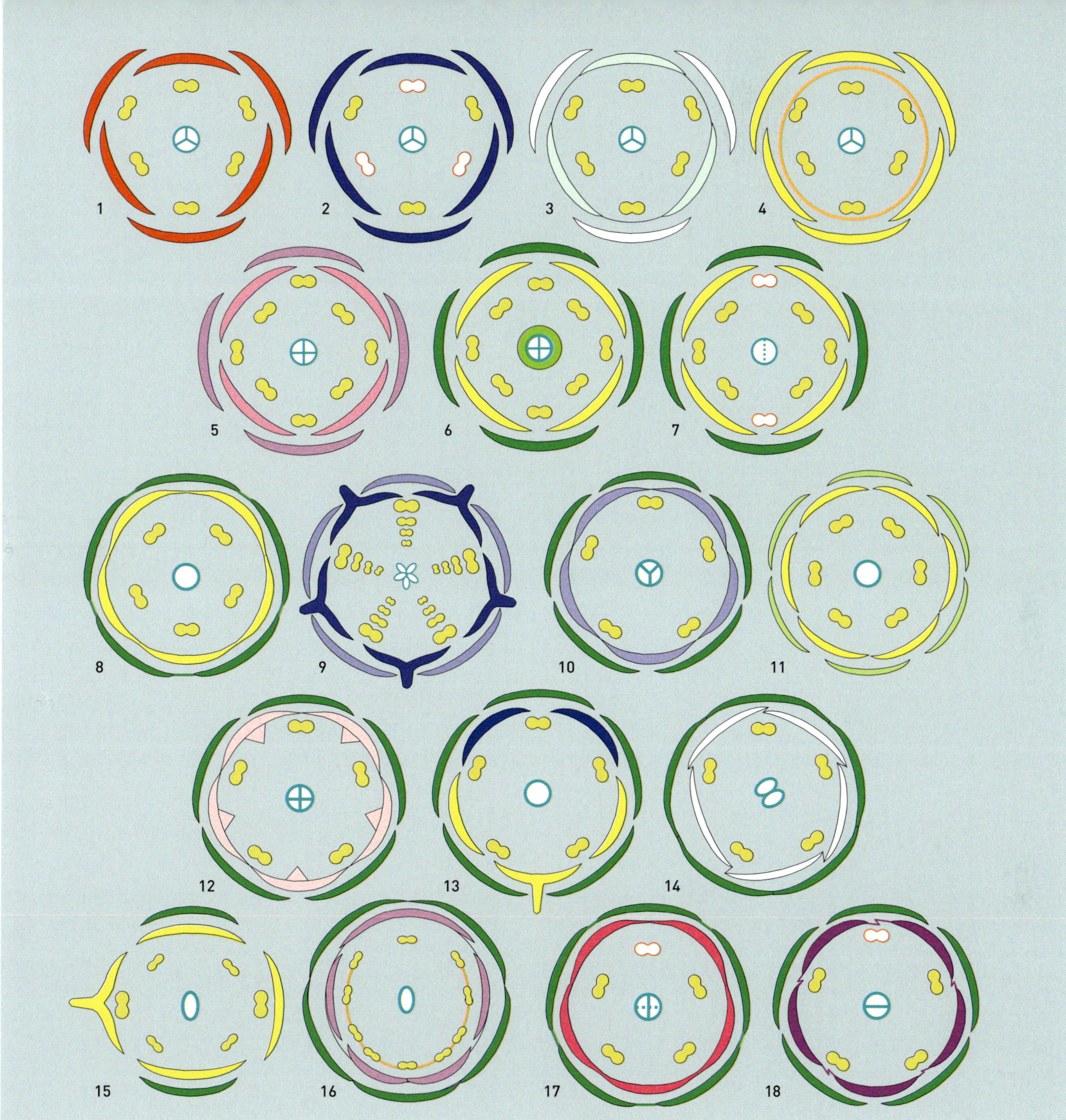

Vielfalt der Blütengrundrisse: Radiärsymmetrische Blüten sind **1** Tulpe *(Tulipa gesneriana)*: trimer/pentazyklisch; **2** Schwertlilie (*Iris* sp.): trimer/tetrazyklisch (1 Staubblattkreis ausgefallen); **3** Schneeglöckchen *(Galanthus nivalis)*: trimer/pentazyklisch, innere Perigonblätter verwachsen; **4** Narzisse *(Narcissus pseudonarcissus)*, trimer/tetrazyklisch, mit Nebenkrone; **5** Weidenröschen *(Epilobium angustifolium)*, tetramer/pentazyklisch, Kelchblätter bunt; **6** Weinraute *(Ruta graveolens)*, tetramer/pentazyklisch, mit großem Griffelpolster; **7** Raps *(Brassica napus)*: tetramer/pentazyklisch, zwei Staubblätter sind ausgefallen; **8** Primel (*Primula* sp.): pentamer/tetrazylisch, äußerer Staubblattkreis ausgefallen, Kelch- und Kronblätter verwachsen; **9** Akelei *(Aquilegia vulgaris)*: pentamer/pentazyklisch, Vermehrung der inneren Staubblätter, Sporn an jedem Kronblatt; **10** Glockenblume (*Campanula* sp.), pentamer/tetrazyklisch, Kelchblätter frei, Kronblätter verwachsen; **11** Berberitze *(Berberis vulgaris)*: hexamer/pentazyklisch, zwei petaloide Kelchblattkreise, äußerer Staubblattkreis fehlt; **12** Beinwell *(Symphytum officinale)*, pentamer/tetrazyklisch, Kelchblätter frei, Kronblätter verwachsen mit großen Schlundschuppen;
Spiegelsymmetrische (zygomorphe) Blüten: **13** Acker-Veilchen *(Viola tricolor)*: Sporn am unteren Kronblatt, äußerer Staubblattkreis fehlt; **14** Schwarzer Nachtschatten *(Solanum nigrum)*, pentamer/tetrazyklisch, erscheint strahlig, ist aber schief zygomorph; **15** Gelber Lerchensporn *(Corydalis lutea)*: (tetramer)/pentazyklisch, Kronblatt mit Sporn, transversal-zygomorph, zur Blütezeit um 90° gedreht; **16** Platterbse (*Lathyrus* sp.): pentamer/tetrazyklisch, 9 von 10 Staubblättern röhrig verwachsen; **17** Roter Fingerhut *(Digitalis purpurea)*, pentamer/tetrazyklisch, Kelchblätter frei, Kronblätter verwachsen, 1 Staubblatt ausgefallen; **18** Rote Taubnessel *(Lamium purpureum)*, pentamer/tetrazyklisch, Kelch- und Kronblätter verwachsen, 1 Staubblatt ausgefallen.

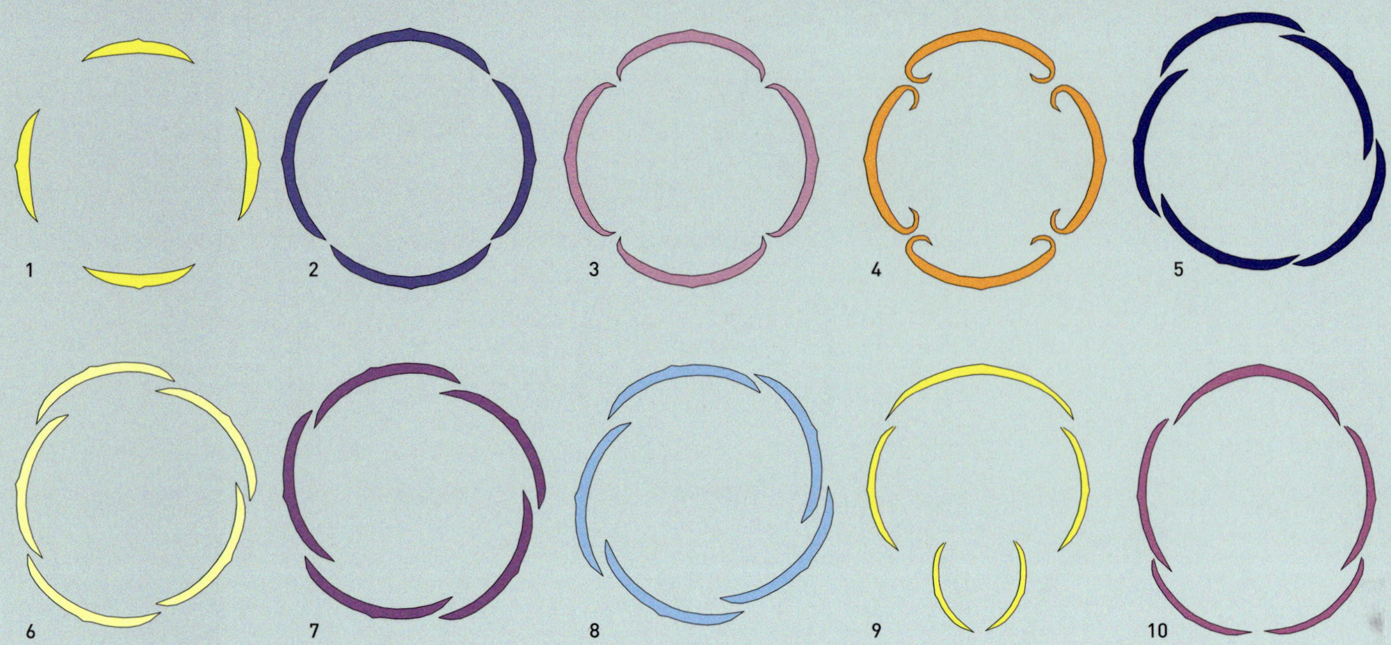

Relative Stellung und Deckung der Blütenblätter: **1** offen, ohne Berührung (apert, Teichrose, *Nuphar*), **2** klappig (valvat, berührend, Ehrenpreis, *Veronica*), **3** valvat-implikativ (Schaumkraut, *Cardamine*), **4** valvat-involut (Tulpe, *Tulipa*), **5** und **6** dachziegelig überlappend (Nachtschatten, *Solanum*), **7** gedreht (contort, linksläufig, Immergrün, *Vinca*), **8** gedreht (contort, rechtsläufig, Enzian, *Gentiana*), **9** löffelig (cochleat, aufsteigend, Ginster, *Genista*), **10** löffelig (cochleat, absteigend, Judasbaum, *Cercis*).

Vermehrung (Dédoublement) in den Staubblattkreisen bei Rosaceen: links Felsenbirne (*Amelanchier* sp.), rechts Vogel-Kirsche *(Prunus avium)*. Die Stellungsregeln für die Blütenorgane stimmen dennoch.

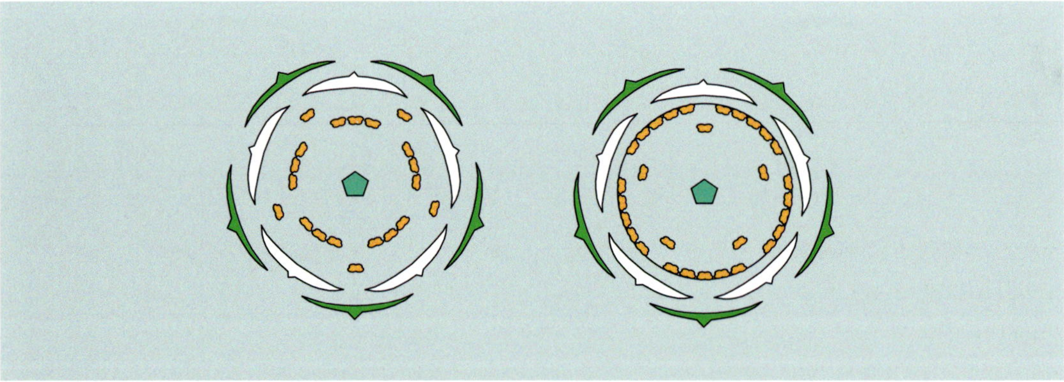

Auch das ist wichtig in der Blütenarchitektur: Position des Fruchtknotens im Verhältnis zum Blütenboden

Vogel-Sternmiere *(Stellaria media)*: Die Bauregeln stimmen, aber mitunter fehlen im Staubblattkreis einzelne Elemente.

Bei der Zwergmispel *(Cotoneaster horizontalis)* stehen vor den Kronblättern jeweils drei Staubblätter – ein als Dédoublement bezeichnetes Phänomen. Sie reifen unterschiedlich rasch heran.

moschatellina) gehört dazu: Sein Blütenstand ist würfelförmig gebaut; die seitlich stehenden Blüten sind allesamt fünfzählig (pentamer), die Gipfelblüte vierzählig. In der neueren Blütenpflanzensystematik hat diese kleine Pflanze eine bemerkenswerte Karriere vollzogen: Bislang war sie weltweit der einzige Vertreter ihrer Gattung und ihrer Familie. Neuerdings ist sie aber zur Typgattung der großen Familie Adoxaceae aufgestiegen, zu der auch die Holunder (*Sambucus* spp.) und Geißblatt-Arten (*Lonicera* spp.) gehören. Mit deren Blüten vor Augen ist das kaum nachzuvollziehen, aber die Molekulargenetik hat ihre eigenen Anschauungen.

Fülle macht oft unübersichtlich: In der äußerst dekorativ wirkenden Blüte der Seerose *(Nymphaea alba)* erschließt sich der Blütenbauplan nicht auf den ersten Blick.

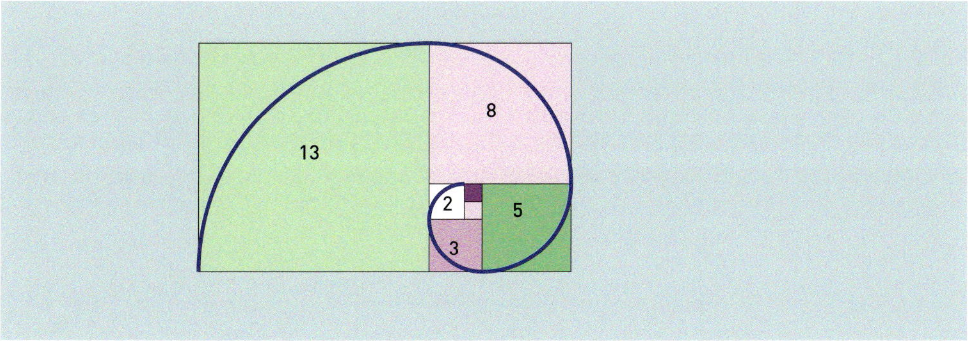

Konstruktion einer logarithmischen Spirale, wie sie auch manchen Blüten zu Grunde liegt.

Ein geheimer Code?

Die an völlig leidenschaftslose Mathematik beziehungsweise Geometrie erinnernde Ableitung von Bauregeln und Blütengrundrissen könnte zu der Auffassung verführen, dass eine Blüte oder Blume lediglich ein weitgehend starres, nach wenigen leicht einsehbaren Prinzipien durchkonstruiertes Gebilde sei. Mathematiker werden sofort einwenden, dass auch von den Objekten ihrer Anschauung eine hohe Faszination ausgeht, und Botaniker haben sofort den Hinweis auf die einzigartige Ästhetik in der Gesamterscheinung einer Blume auf der Zunge, die sich nicht in einfache Gesetzmäßigkeiten zwingen oder formalisieren lässt. Sie werden staunen – die Verbindung ist in gewissen Grenzen dennoch möglich. Die begriffliche Klammer zwischen mathematischer Methodik und botanischer Begeisterung ist die stille Harmonie, die erstaunliche Ausgewogenheit von Formen und Proportionen, die der Betrachter zwar intuitiv spürt, aber oft nicht genau erklären kann. Versuchen wir es.

Die oben bei der Vorstellung der Blattpositionierung an der Sprossachse bemühte Fibonacci-Zahlenreihe liefert den Schlüssel zur Annäherung an dieses Problem. Wenn man die Spitzen der aufeinander folgenden Blätter in der abgebildeten Blattrosette miteinander verbindet, erhält man eine gleichwinkelige oder logarithmische Spirale, die erstmals der Schweizer Mathematiker Jakob Bernoulli (1654–1705) rechnerisch behandelt hat. Auf dem Papier ist sie verhältnismäßig einfach zu konstruieren, indem man Quadrate mit den Seitenlängen 1, 2, 3, 5, 8, 13 ... miteinander verschachtelt. Sofort wird deutlich, dass diese Längen eine Fibonacci-Reihe darstellen. Die Eigenschaften der logarithmischen Spirale, die man in einem Pinienzapfen, einer Grundblattrosette, einer Magnolienblüte und auch im Design etwa eines Schnirkelschneckenhauses wiederfindet, empfand Bernoulli geradezu als magisch und bat sogar darum, man möge ihm ein solches Kurvenbild in seinen Grabstein meißeln. Bernoulli ruht auf einem Basler Friedhof. Die Nachfahren haben jedoch nicht aufgepasst: Die Spirale auf seinem Grabmal ist bedauerlicherweise eine archimedische, bei der der Abstand der Spiralbögen vom Ausgangspunkt nicht logarithmisch, sondern konstant wächst.

Tabelle 2
Fibonacci-Zahlen und Goldener Schnitt

Fibonacci-Reihe	Quotienten	Zahlenwert
1		
1	1:1	1,000000
2	2:1	2,000000
3	3:2	1,500000
5	5:3	1,666666
8	8:5	1,600000
13	13:8	1,625000
21	21:13	1,615385
34	34:21	1,619047
55	55:34	1,617647
89	89:55	1,618162

Die fast ein wenig zahlenmystische Fibonacci-Reihe birgt noch ein weiteres Geheimnis. Bildet man den Quotient aus einer Zahl dieser Reihe und ihrem Tabellenvorgänger, erhält man einen Zahlenwert, der sich immer mehr der irrationalen Proportionszahl $\Phi = 1{,}618\ldots$ des berühmten Goldenen Schnitts annähert. Man wählte dieses Symbol zu Ehren des griechischen Bildhauers Phidias (500–432 v. Chr.; Φ = Phi von Phidias), der in seinen Skulpturen (angeblich) als Erster die Proportionsregeln des Goldenen Schnitts anwandte.

Wie man eine Strecke AB im Maßverhältnis des Goldenen Schnitts teilt, zeigt , die einen schon in der Antike bekannten Konstruktionsvorschlag wiedergibt. Aber was hat dies alles mit den Formen einer Blüte zu tun? Nimmt man eine regelmäßig fünfzählige (pentamere) Blüte, beispielsweise von der Nelkenwurz *(Geum urbanum)* oder einem anderen Vertreter der Rosengewächse, so lässt sich über deren Aufrissbild problemlos ein regelmäßiges Fünfeck (Pentagon) konstruieren, das die Spitzen der Kronblätter einbezieht. Konstruktionsbedingt lässt sich dieses Fünfeck in zehn rechtwinklige Dreiecke zerlegen, für die bekanntermaßen der Satz des Pythagoras gilt. Im Fall der

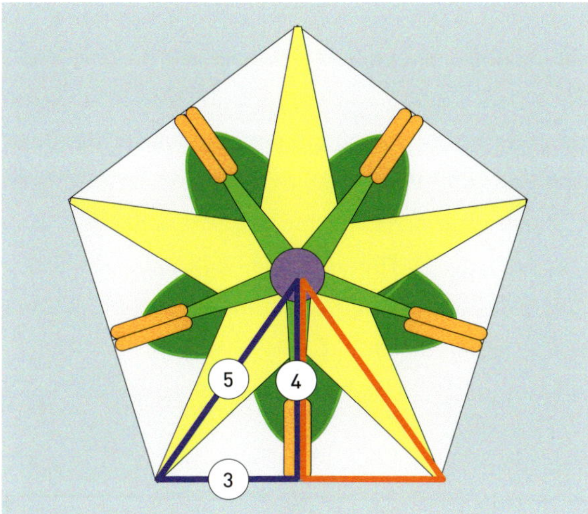

Fünfzählige strahlig symmetrische Blüten lassen sich in ein regelmäßiges Fünfeck (Pentagon) einzeichnen. Die Strecken **3**, **4** und **5** stellen ein Pythagoreisches Dreieck dar – auch ihre Quadratzahlen stehen in einem glatten Verhältnis zueinander: $3^2 + 4^2 = 5^2$ (9 + 16 = 25).

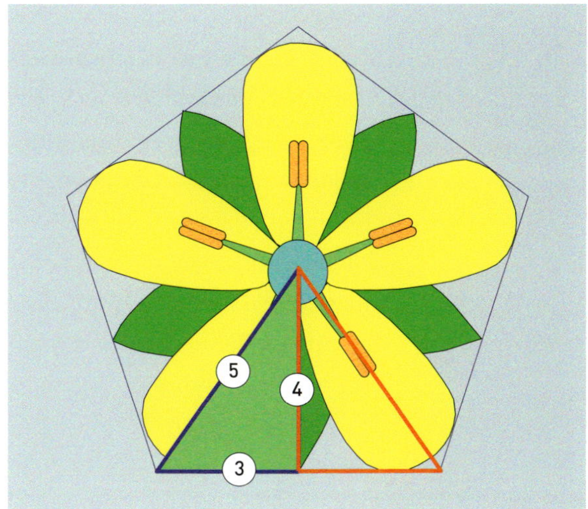

Goldener Schnitt in der Blütenkonstruktion Die gleiche fünfstrahlige Blüte lässt sich auch als regelmäßiger Stern mit fünf Spitzen (Pentagramm) darstellen. Die Seiten(abschnitte) dieses Sterns schneiden sich im Verhältnis des Goldenen Schnitts: a:b = (a+b) : a sowie b:c = (b+c) : b. Die Quotienten dieser Strecken ergeben die berühmte Zahl F = 1,618…

Pentagondreiecke liegen aber besondere Verhältnisse vor: Die Seiten der Dreiecke stehen mit den Proportionen 3:4:5 in einem bemerkenswert glattzahligen Verhältnis zueinander. Der berühmte Satz des Pythagoras (Summe der Kathetenquadrate = Hypotenusenquadrat) geht hier äußerst harmonisch auf, denn 32 + 42 = 52 (9 + 16 = 25).

Noch geheimnisvoller wird es, wenn man den Blütengrundriss in einen regelmäßig fünfzackigen Stern (Pentagramm) einzeichnet. Verblüfft stellt man nun fest, dass sich die Längsseiten dieses Fünfecks in den Proportionen des Goldenen Schnitts überschneiden. Dem entsprechen auch Abmessung und Stellung der Blütenteile. Das Gesamtergebnis wirkt daher – nunmehr nicht mehr gänzlich überraschend – außerordentlich harmonisch. Nicht von ungefähr ist gerade das Pentagramm auch bei den immer stark mystisch angehauchten Alchimisten des Mittelalters ein gerne verwendetes Geheimzeichen gewesen.

Ähnliche Verhältnisse findet man auch in anderen Konstruktionsbereichen der Blüten(stands)architektur wieder. Bei der Sonnenblume sind die zahlreichen kleinen Röhrenblüten bezeichnenderweise nicht auf Geraden, sondern auf Spiralbogensegmenten angeordnet. Die Bogenausschnitte sind, wie bei organischen Formen fast immer anzutreffen, Teile einer logarithmischen Spirale. Beim genaueren Hinsehen erkennt man viele links- und weniger zahlreich auch rechtsläufige Spiralsegmente. Bildet man aus deren jeweiliger Anzahl den Quotienten, ergibt sich wiederum die magische Zahl F des Goldenen Schnitts. Übrigens: Wenn man am Computer eine Sonnenblume mit Einzelblüten auf absolut geraden Linien zeichnet, mag niemand mehr gerne hinsehen. Das Ergebnis wirkt einfach zu cool und technokratisch. Die hübsche, weil logarithmische und auch sonst bei Lebewesen in dieser Maßbeziehung auftretende Rundung ist das eigentliche Geheimnis der ansprechenden Gesamtwirkung.

Die frappierende Harmonie der Formen und Umrisse ergeben sich mitunter auch auf anderen Wegen.

Diese besonderen Maßverhältnisse sind sicherlich eines der versteckt eingebauten Geheimnisse, warum nach solchen Prinzipien aufgebaut Blüten uns besonders gut gefallen, weil sie so ausgewogen und in ihren Abmessungen einfach stimmig wirken. Erklären kann man das letztlich nicht. Dass uns die Proportionen des Goldenen Schnitts so gut gefallen und Pythagoreische Dreiecke hübscher aussehen als Gleichschenklige, ist ein durch viele Testserien erwiesenes Faktum, aber dennoch nicht logisch zu begründen.

Bei der Sonnenblume *(Helianthus annuus)* sind die zahlreichen Einzelblüten auf Spiralbogenabschnitten angeordnet.

Rechte Seite: Beim Oleander *(Nerium oleander)* ist die Krone im Prinzip wie ein Mühlrad gestaltet – und deswegen asymmetrisch.

4 Formen, Fülle, Vielfalt

Vorhergehende Doppelseite:
Blüte vom Wiesen-Storchschnabel *(Geranium pratense)* in der männlichen Phase

Jede hat ihr eigenes Design und ist einzigartig: Berg-Gamander *(Teucrium montanum)*.

Auch wenn ein Grundkonzept stimmt, gibt sich die Natur offensichtlich nicht mit wenigen Anwendungen zufrieden, sondern wandelt in langen Zeiten unentwegt zu umfangreichen Mustern, Reihen und Serien ab. Davon überzeugt vor allem ein Blick auf die Insekten. Allein in der Familie der Rüsselkäfer (Curculionidae) gibt es weltweit mit rund 80 000 mehr verschiedene Arten als in jeder anderen Familie des Tierreichs. Die Samen- beziehungsweise Blütenpflanzen mit bislang knapp 300 000 beschriebenen und rund 400 000 vermuteten Arten, die auf mehr als 600 Familien verteilt werden, sind ein anderes beeindruckendes, wenn nicht sogar erdrückendes Beispiel einer kaum zu begreifenden und in ihrer Gesamtheit schwer zu überblickenden Vielfalt. Bei aller Verschiedenheit stimmen die in der Abteilung Spermatophyta des Pflanzenreiches zusammengefassten Arten in den wesentlichen Merkmalen des Blütenbaus überein, aber sie lassen sich zur Freude der forschenden Fachwissenschaftler wie der genießenden Pflanzenliebhaber auch in Klassen, Ordnungen und Familien und weitere systematisierende Rangstufen (Taxa) einteilen, weil es eben abgestufte Ähnlichkeiten gibt. Dennoch überrascht angesichts der vielen Typen und Varianten ein wichtiger Befund: Jede Blütenpflanzenart zeigt in ihrer Blütengestalt eine einzigartige Merkmalskombination, anhand deren man sie artgenau erkennen und beschreiben kann. Es ist zweifellos eine Herausforderung und ein Vergnügen zugleich, die Abwandlungen und Bauvarianten von Blüten zu erkennen und eventuell auch benennen zu können. Das erfordert fallweise genaueres Hinsehen, und dabei hilft – wie immer beim Abtauchen in die natürlichen Kleinwelten – eine brauchbare Lupe.

Schönheit auch im Kleinen:
Blauer Gauchheil *(Anagallis foemina)*

Blüten im Kollektiv

Im richtigen Größenmaßstab und am besten ganz aus der Nähe betrachtet ist jede Blüte oder Blume eine faszinierende Einzelschöpfung – ein zunächst vielleicht übersehenes Acker-Gauchheil *(Anagallis arvensis)* mit seinen nur wenigen Millimeter Kronendurchmesser ebenso wie eine knallige Sumpf-Schwertlilie *(Iris pseudacorus)* mit ihrer knapp handflächenbreiten Blütenhülle. Noch ansprechender wirken Blüten und Blumen allerdings als Kollektiv, beispielsweise gebündelt im Blumenstrauß oder in einem vergleichbaren Gebinde. Auch diese besondere Optik macht uns die Natur vor. Relativ wenige Blütenpflanzen entwickeln am Ende der Sprossachse nur eine einzige Blüte wie etwa die Tulpe. Viel häufiger trägt die Sprossachse ihre oft zahlreichen Einzelblüten in Gruppen, die man dann als Blütenstände (Infloreszenzen) bezeichnet. Gestaltlich ist der gesamte Blütenstand von der übrigen vegetativen Region der Pflanze deutlich abgesetzt. Jede einzelne Blüte sitzt hier in der Achsel eines kleinen Blattes, das man folgerichtig als Tragblatt bezeichnet. Die Tragblätter können grün sein und erinnern oft auch an die normalen Laubblätter der nicht blühenden Sprossregion, aber sie sind in Größe und Umriss meist stark vereinfacht sowie oft sogar recht unauffällig.

Etwas üppiger sieht auch gut aus: Gelbe Sumpf-Schwertlilie *(Iris pseudacorus)*.

Die meisten Pflanzenarten entwickeln Blütenstände und wirken im Ensemble recht dekorativ: Astlose Graslilie *(Anthericum liliago)*.

Breitblättrige Platterbse *(Lathyrus latifolius)*

Einfache Blütenstände: **1** Ähre, **2** Kolben, **3** Körbchen; verzweigte (zusammengesetzte) Blütenstände: **4** Traube, **5** Rispe, **6** Schirmrispe (Doldenrispe, Trugdolde), **7** Schirmtraube (Trugdolde), **8** Dolde, **9** zusammengesetzte Dolde, **10** Spirre, **11** Dichasium, **12** Monochasium, **13** Fächel, **14** Wickel

Natürlich haben es die Botaniker nicht unterlassen, sich auch die Blütenstände genauer anzusehen und Ordnung in die Vielfalt zu bringen. Die wenigen wirklich wichtigen Grundtypen lassen sich mit gut unterscheidbaren Schemadarstellungen wiedergeben. Bei einer Ähre sitzen die Einzelblüten ungestielt in der Achsel ihres Tragblattes. Stellt man sich die Blütenstandsachse einer Ähre kräftig verdickt vor, gelangt man zum Kolben. Lässt man sie seitlich stark in die Breite gehen, entsteht der Blütenkorb, der familientypisch kennzeichnende Blütenstand der Korbblütengewächse (Asteraceae). Von diesen Formen mit einfacher Achse sind die verzweigten Blütenstände zu trennen, die man als spezielle Achsensysteme aufzufassen hat. Bei einer Traube sind die Einzelblüten kürzer oder länger gestielt und sitzen demnach auf Seitenzweigen. Bei der Rispe sind die Seitenzweige ihrerseits verzweigt. Stehen die Blüten im entwickelten Blütenstand auf einer Ebene, unterscheidet man je nach Lage der Verzweigungspunkte Doldentraube, Doldenrispe (Schirmrispe), Dolde, Doppeldolde (zusammengesetzte Dolde) und Spirre. Endet der Blütenstand – wie bei der relativ seltenen geschlossenen Traube – mit einer Blüte, ist diese die anlageälteste und blüht daher auch als erste auf. Die weitere Aufblühfolge verläuft von oben nach unten. Bei den offenen Blütenständen fehlt die abschließende Gipfelblüte. Solche Systeme blühen von unten nach oben auf. Außer diesen Grundtypen überraschen die Blütenpflanzen – nicht gänzlich unerwartet – mit etlichen weiteren Blütenstandsformen, an denen sich die Fachleute der Pflanzenmorphologie begrifflich wunderbar austoben konnten. Die Übersicht zeigt nur wenige der in der Natur tatsächlich vorkommenden Varianten.

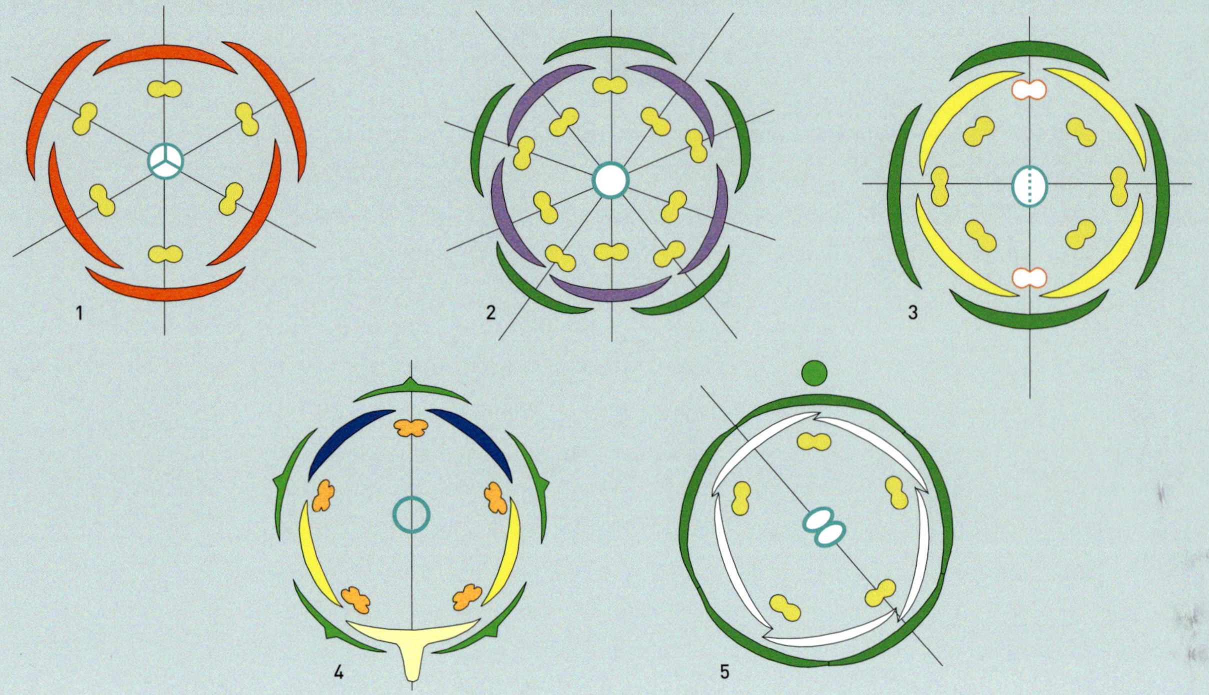

Symmetrieverhältnisse in Blüten:
1,2 strahlig symmetrisch mit drei *(Tulipa)* bzw. fünf *(Geranium)* Symmetrieebenen;
3 disymmetrisch mit zwei Symmetriebenen *(Brassica)*;
4 monosymmetrisch, bilateral bzw.zygomorph *(Viola)*;
5 schief zygomorph in Bezug auf die Abstammungsachse *(Solanum)*

Organe im Verbund

Bei einer Tulpenblüte mit ihrem trimer-pentazyklischen Aufriss aus je drei Blattorganen in insgesamt fünf Kreisen zeigen sich die Bauteile vor allem deshalb so überschaubar klar und einfach, weil sie einzeln und somit deutlich getrennt auf ihren Kreisen untergebracht sind. Blütenbauteile können jedoch auch unter- und miteinander verwachsen, womit die Natur ein weites Feld für interessante Abwandlungen eröffnet. Sie zeigen sich schon im engeren verwandtschaftlichen Umfeld der Liliengewächse (zu denen die Tulpe gehört), beispielsweise in der Gattung Blaustern *(Scilla)*. Die nicht ganz so häufige heimische Art *Scilla bifolia* trägt wie die Tulpe bis zur Basis freie Blütenhüllblätter. Beim Hasenglöckchen *(Scilla non-scripta)* sind sie dagegen am Grunde verwachsen, was den deutschen Namen erklärt. Bei den Träubelhyazinthen (Gattung *Muscari*) sind die Hüllblätter immer miteinander verwachsen und bilden eine bauchige, enge Glocke, bei der nur an der Spitze noch sechs kurze Zipfel verbleiben. Selbst bei eng verwandten Arten kann die Verwachsung unterschiedlich ausfallen. Beim Schneeglöckchen *(Galanthus nivalis)* sind nur die inneren Hüllblätter miteinander röhrig verbunden, während beim Märzenbecher *(Leucojum vernum)* alle sechs eine breite Glocke bilden. Sind sämtliche Blütenhüllblätter miteinander verwachsen, sieht es fast so aus, als würden sie nur einem einzigen Blattkreis angehören.

Träubelhyazinthe *(Muscari botryoides)*: Die Blütenhülle ist glockig verwachsen.

Auch in der Seitenansicht erscheinen zygomorphe Blüten sehr eigenartig gestylt: Gefleckte Taubnessel *(Lamium maculatum)*.

Bei den Zweikeimblättrigen mit Kelch und Krone als Blütenhülle (Perianth) findet sich eine vergleichbare Palette. Bei den Kreuzblütengewächsen, beispielsweise beim Acker-Senf *(Sinapis arvensis)* und beim Silberblatt *(Lunaria annua)*, bleiben die je vier Kelch- und Kronblätter bis zur Ansatzstelle am Blütenboden unverbunden. Genauso ist es bei vielen Rosengewächsen, beispielsweise bei der Hecken-Rose *(Rosa canina)* und beim Gänse-Fingerkraut *(Potentilla anserina)* sowie bei manchen Nelkengewächsen, etwa bei der Großen Sternmiere *(Stellaria holostea)*. Vielfach nimmt die Blütenkrone aber durch Verwachsung ihrer Elemente eine besondere Gestalt an. Dabei können die einzelnen Kronblätter bis auf die freien Kronblattzipfel fast auf ihrer ganzen Länge miteinander verwachsen sein wie bei den Enzianen (*Gentiana* spp.) oder sie bilden nur im unteren Teil eine enge Röhre, während der größere Teil frei bleibt wie bei den Ehrenpreis-Arten (*Veronica* spp.). Fachmännisch nennt man die Kronblattverwachsung Sympetalie. Sie kann von einer Verwachsung der Kelchblätter (Synsepalie) begleitet werden wie bei den Taubnesseln (*Lamium* spp.), aber der Kelch kann ein geschlossener Container sein, während die Kronblätter gänzlich frei bleiben wie bei den Lichtnelken (*Silene* spp.). Die Zahl der Gestaltungsmöglichkeiten ist beträchtlich.

Bleibt noch zu erwähnen, dass fallweise selbstverständlich auch die Staubblätter zumindest anteilig miteinander verwachsen: Bei den Korbblütengewächsen bilden sie einen geschlossenen Ring, und bei den meisten Schmetterlingsblütengewächsen sind neun der insgesamt zehn Staubblattfilamente röhrig miteinander verbunden. Im Fruchtblattkreis ist die Verwachsung der einzelnen Karpelle so charakteristisch, dass sie kaum noch als Besonderheit erwähnt wird – vermutlich deshalb, weil sie für die Gestaltbildung und das äußere Erscheinungsbild der Blüte nicht ganz so folgenreich ist wie die Umbauten in der Blütenhülle.

Die gesamte Typologie von Verwachsungsmöglichkeiten aufzuzählen, wäre ein relativ aufwändiges Katalogisierungsunterfangen. Für die eigene Erkundung von Blüten mit Pinzette und Lupe bietet sich hier ein bemerkenswert reichhaltiges Betätigungsfeld.

Zweiblättriger Blaustern *(Scilla bifolia)*: Blütenhüllblätter getrennt bis zum Grund

Die Sache mit der Symmetrie

Wegen zweier fehlender Staubblätter sind die Blüten der Kreuzblütengewächse disymmetrisch.

Die einfachen Bauregeln und -pläne, nach denen die Natur auch bei den Blüten ihre Geschöpfe konstruiert, bestechen unter anderem auch deswegen, weil sich hier neben den harmonischen Maßbeziehungen meist auch bemerkenswert gefällige Symmetrien zeigen. Nur wenige Blüten sind gänzlich asymmetrisch. Dazu gehören beispielsweise die aus Westeuropa stammende Spornblume *(Centranthus ruber)* sowie das als sommerliche Zierpflanze in Parkanlagen gerne und häufig verwendete Blumenrohr *(Canna indica)*, von dem über hundert eingetragene Zuchtsorten bekannt sind. Sein seltsamer Blütenaufbau bringt auch gut trainierte Botaniker ins Grübeln, denn man findet hier außer drei Kronblättern auch noch zwei kronblattartig umgebaute Staubblätter und einen flächig verbreiterten Griffel, womit das Gesamterscheinungsbild etwas unübersichtlich wird.

Die Spornblume *(Centranthus ruber)* ist eines der wenigen Beispiele für asymmetrische Blüten in der heimischen Flora.

Symmetriebruch auf verschiedenen Ebenen: Beim strahlig symmetrischen Gänseblümchen *(Bellis perennis)* sind die randlichen Zungenblüten zygomorph, die zentralen Röhrenblüten wiederunm strahlig.

Das bekannteste Beispiel für eine disymmetrische Blüte ist das Tränende Herz *(Dicentra spectabilis)*.

Die eindrucksvollen Blüten der Weißen Seerose *(Nymphaea alba)*, die bei der Wildform bis knapp zehn Zentimeter, bei Gartenteichzüchtungen auch schon einmal über 15 Zentimeter breit sein können und damit die größten Einzelblütendurchmesser innerhalb der heimischen Flora aufweisen, sehen auf den ersten Blick wunderschön regelmäßig aus. Tatsächlich sind die großen weißen Blütenhüllblätter, die durch vielerlei Übergänge mit den zahlreichen Staubblättern verbunden sind, spiralig angeordnet, was als besonders ursprüngliches Merkmal gilt, denn es ist das vorherrschende Raumordnungsprinzip der frühen Sporophyllstände bei den Farnpflanzen und Nacktsamern. Auch die als ursprünglich geltenden Magnolien richten sich danach. Bei spiraliger Anordnung ist streng genommen keine saubere Symmetrieebene möglich.

Viel klarere Verhältnisse lassen dagegen alle diejenigen Blütenformen erkennen, bei denen die einzelnen Wirtel gleichzählig geworden sind – beispielsweise bei der Tulpe, die auf jeder Ebene drei Blattelemente trägt, daher trimer ist und von oben betrachtet wie ein sechszackiger Stern aussieht. Durch jedes Blütenhüllblatt ist eine Symmetrieebene zu legen – die damit getrennten rechten und linken Hälften verhalten sich wie Bild und Spiegelbild. Insgesamt sind drei Spiegelungsebenen möglich. Bei vollständigen fünfzähligen Blüten sind es fünf, selten ergeben sich noch mehr. Solche sternförmig aufgebauten Blüten zeichnen beispielsweise die Rosen-, Nelken-, Primel-, Dolden- und Glockenblumengewächse aus. Man nennt sie wegen ihres besonderen Aussehens auch radförmig, strahlig oder radiärsymmetrisch. Fehlen dagegen einzelne Teile, schränkt das auch die mögliche Anzahl von Symmetrieebenen ein. Das lassen unter anderem die Vertreter der Kreuzblütengewächse erkennen – wegen der Stellung der sechs Staubblätter lassen sie nur zwei senkrecht aufeinander stehende Symmetrieachsen (Spiegelungsebenen) zu und sind daher disymmetrisch. Genauso sind die seltsam anzuschauenden Blüten des Tränenden Herzens *(Dicentra spectabilis)* zu bewerten (Abb. S. 98).

Gänzlich anders stellen sich die immer etwas eigenartig anmutenden Blüten der zweiseitig symmetrischen Blütengestalten dar, die nur eine senkrecht verlaufende Spiegelungsebene zulassen und deswegen mono- oder bilateralsymmetrisch beziehungsweise zygomorph genannt werden. Klassische Beispiele sind die zweilippig aufgebauten Blüten der Lippenblüten- und der Rachenblütengewächse. Manchmal muss man ganz genau hinsehen, um die tatsächlichen Symmetrieverhältnisse richtig zu erkennen, beispielsweise bei den Ehrenpreis-Arten (*Veronica* spp.): Das unterste der vier Kronblätter ist immer deutlich kleiner als die drei übrigen, womit die Achsenlage der einen möglichen Spiegelungsebene eindeutig festgelegt ist. Je nach Ausgestaltung der Lippen können die zygomorphen Blütenhüllen recht bizarr und sogar ziemlich monströs aussehen. Bei den heimischen Orchideen gibt es beispielsweise die Spezies Hängender Mensch beziehungsweise Puppenorchis *(Aceras anthropophorum)* sowie eine Affen-Orchis *(Orchis*

Perfekte Radiärsymmetrie in der Blüte der Großen Sternmiere *(Stellaria holostea)*

Den etwas bizarr aussehenden zygomorphen Blüten verdanken auch die heimischen Orchideen ihre besondere Faszination: Spinnen-Ragwurz *(Ophrys sphegodes)*.

Beim Erdrauch (*Fumaria* spp.) sind die Blüten transversal-zygomorph.

simia), deren Namen für sich sprechen. Bei allen Orchideen ist übrigens die für die visuelle Gesamtwirkung so entscheidende und meist recht große Unterlippe von der Anlage her die Oberlippe; während ihrer Entwicklung und spätestens kurz vor der Entfaltung vollzieht die Blüte eine planmäßige Drehung um 180 Grad.

Viele Blüten, die von der Anlage her radiärsymmetrisch sind, erscheinen bei genauerer Betrachtung zumindest ansatzweise zygomorph. Dazu gehören beispielsweise die dekorativen Taglilien (*Hemerocallis* spp.) oder auch manche Lilien, bei denen die Staubblätter sich über das unterste Blütenhüllblatt legen und somit nur noch eine einzige Symmetrieachse zulassen. Aus verschiedenen Experimenten darf man ableiten, dass in solchen Fällen oft die Erdschwerkraft als gestaltbildender Faktor beteiligt ist. Nachgewiesen ist dies beispielsweise vom Schmalblättrigen Weidenröschen *(Epilobium angustifolium)*, dessen vierzählige Blüte im Prinzip strahlig symmetrisch ist, aber am fertigen Blütenstand zygomorph auftritt. Als man die Wirkung der Gravitation einmal experimentell ausschaltete, entwickelten sich die Blüten auftragsgemäß strahlig.

Einen interessanten Fall bieten solche Blüten, die zum Zeitpunkt der Öffnung eine senkrecht stehende Spiegelungsebene aufweisen, aber von der Anlage her anders beschaffen sind: Lerchensporn (*Corydalis* spp.) oder Erdrauch (*Fumaria* spp.), beide besonders formschöne Beispielgattungen der Familie Erdrauchgewächse, tragen im voll entwickelten Zustand zygomorphe Blüten mit senkrecht stehender Symmetrieachse. In Wirklichkeit geht diese besondere Spiegelbildlichkeit darauf zurück, dass ein seitliches (meist das linke) Kronblatt umgestaltet wird und die Symmetrie durcheinander bringt. In der entfalteten Blüte bemerkt man das nicht mehr, weil rechtzeitig zuvor eine Neunzig-Grad-Drehung erfolgte. Solche Blüten nennt man, was nun zugegebenermaßen besonders gelehrt klingt, transversal-zygomorph (Abb. Seite 101). Zwischen der üblichen Spiegelbildlichkeit mit senkrecht, also in der Medianebene stehender Symmetrieachse und den wenigen querachsig angelegten Blüten stehen die schiefachsig zygomorphen Blütentypen, wie man sie bei der Rosskastanie *(Aesculus hippocastanum)* und bei vielen Vertretern der Nachtschattengewächse antrifft – ein ebenfalls nicht gerade häufiger und insofern etwas kurioser Fall. Die ganz genauen Symmetrien sind nicht immer auf den ersten Blick offensichtlich und gehören demnach zweifellos in den Bereich derjenigen Blütengeheimnisse, die besonders intime Einblicke erfordern.

In seltenen Fällen finden Blüten, die von der Anlage her zygomorph sind, wieder zur strahligen Symmetrie zurück. Dieses Phänomen tritt gelegentlich bei Orchideen (vor allem Zuchtformen) auf. Besonders auffällig ist es beim Roten Fingerhut *(Digitalis purpurea)*: Hier schließen sich durch eine Wuchsstörung mehrere Einzelblüten an der Spitze des Blütenstandes zu einem großen, nach oben schirmförmig geöffneten und oft auch noch abweichend gefärbten Gebilde zusammen, das geradezu monströs ausschaut. Solche Sonderbildungen bezeichnet man als Pelorien (Abb. linke Seite).

Spektakulär zeigen sich die als Pelorien bezeichneten Umbildungen der Gipfelblüten in einem Blütenstand wie beim Roten Fingerhut *(Digitalis purpurea)*.

Gefüllte Blüten wie beim Ranunkelstrauch *(Kerria japonica)* und bei den Dahlien (rechts) sind ökologisch ziemlich wertlos.

Hülle in Fülle

Gefüllte Blüten sind gewöhnlich die Stars eines jeden Sommergartens. Wie kommen die Blumen zu solcher Auffälligkeit? Die bunten Blumenrabatten im Stadtpark zeigen es ebenso wie der Blick in einen üppig bestückten Sommerblumengarten: Herausragender Blickfang in der Parade aufgedonnerter pflanzlicher Mannequins sind die besonders großen, farbgesättigten Blüten, gegen die in üblicher Aufmachung blühende Arten geradezu wie graue Mäuse erscheinen. Nicht nur ungewöhnliche Größe, umwerfender Duft oder betont knallige Farbigkeit macht diese Blumen zu den Stars des Sommergartens, sondern ihre von der Norm abweichende Architektur: Viele beliebte und

folglich häufig verwendete Gartenblumen sind nämlich gefülltblütig. Auch Gartenkataloge sind Abbilder solcher Vorlieben für besonders pompöse Erscheinungen. Seitenweise preisen sie höchst ungewöhnliche Blütengestalten an. Da gibt es wie Plüschkugeln aussehende Sonnenblumen mit dem Sortennamen Teddybär, Straußenfeder-Astern, Wirrkopf-Begonien und Kaktus-Dahlien.

Schon die kurze Umschau unter den keineswegs typenarmen Modellserien heimischer Wildblumen bestätigt jedoch, dass gefüllte Blüten in der Natur nicht vorkommen. Hier zeigen die Blüten bei aller Vielgestaltigkeit einen meist bemerkenswert klaren, überschaubaren Aufbau. Mögen die sehr rundlichen und großformatig aufgemotzten Gartenschönen auch beinahe unwirklich aussehen, so verwirklichen sie ihre fülligen Formen dennoch ausschließlich im Rahmen bereits existierender Blütenbaupläne. Dabei steuern sie gleichsam vorliegende Entwicklungsprogramme geringfügig, aber mit respektablem Erfolg um.

So mancher bunte Sommergarten ist für die Blüten besuchenden Insekten eher ein Trauerspiel.

Vorbilder aus der Natur

Bei den Seerosengewächsen lassen sich zweierlei interessante Erscheinungen auf dem Weg zur Gefülltblütigkeit beobachten. Während die Gelbe Teichrose *(Nuphar lutea)* nur fünf große, lebhaft gefärbte Blütenhüllblätter entwickelt, ist deren Anzahl bei der nahe verwandten Weißen Seerose *(Nymphaea alba)* nicht eindeutig festgelegt. Vor allem aber gibt es bei dieser Gattung tatsächlich fließende Übergänge zwischen Blütenhüll- und Staubblättern, woraus die enge morphologische Verwandtschaft beider Organbereiche überzeugend abzuleiten ist. Die äußeren Pollensäcke sitzen als chromgelbe Zipfel auf verkleinerten, aber sonst schneeweißen Blütenhüllblättern, während die inneren wie üblich auf kleinen Stielen untergebracht sind. Für die Vergleichende Gestaltlehre ist gerade dieser Fall besonders aufschlussreich, beweist er doch wieder einmal die Blattnatur sämtlicher Blütenbauteile.

Die Weiße Seerose *(Nymphaea alba)* und ihre artenreiche, vor allem tropisch verbreitete Verwandtschaft könnte man als eines der wenigen Beispiele einer von Natur aus (zumindest andeutungsweise) gefüllten Blüte auffassen. Sie steht damit gleichsam Modell für das Zustandekommen der gefüllten Blüten zahlreicher Gartenblumen. Deren simpler Trick besteht nämlich nur darin, die dekorativ-auffälligen Teile der Blütenhülle auf Kosten anderer Blütenorgane zu vermehren. Gewöhnlich tragen solche Blüten vermehrt bunte Kronblätter zu Schau und verringern gleichzeitig die Anzahl der Staubblätter. Dabei entstehen lagenreiche, aufgebauschte Gebilde wie bei der Damengarderobe des Rokoko. In gefülltblütigen Tulpen kann man es durch einfaches Nachzählen überprüfen. Bei wunderschönen Gartenklassikern wie den alten Damaszener- und Centifolia-Rosen trifft man dagegen auf weniger klare Verhältnisse, im vielteiligen Hüllbereich jedoch meist auf Vielfache von fünf. Wenn also die Blütenfüllung im Wesentlichen aus einer Vermehrung der Blütenhüllorgane auf Kosten der Staubblätter besteht, so sollten gefülltblütige Formen besonders in solchen Verwandtschaftsgruppen auftreten, bei denen programmgemäß eine größere Staubblattanzahl für den Umbau zur Verfügung steht. Sehr häufig tritt diese Erscheinung eben bei den Rosengewächsen auf, dann auch bei den Hahnenfußgewächsen und sonst nur bei erstaunlich wenigen Pflanzenfamilien mit vorherrschend sternförmiger (radiärer) Blütensymmetrie. Gerade die Hahnenfußgewächse liefern zudem den Beweis dafür, dass grundsätzlich alle Blütenteile zu bunten Blütenhüll- beziehungsweise Kronblattgebilden umzugestalten sind. Bereits Goethe, der sich – angeregt von den entwicklungsgeschichtlichen Studien des Hamburger Botanikers Joachim Jungius (1587–1657) und des italienischen Naturforschers Marcello

Malpighi (1628–1694) – eingehend mit der Gestaltbildung der höheren Pflanzen befasste, erwähnt in seinem Grundlagenwerk zur Pflanzenmorphologie ein umgestaltetes Exemplar des rotblütigen Asiatischen Hahnenfußes *(Ranunculus asiaticus)*, bei dem sogar die zahlreichen Fruchtknoten sämtlich in Kronblätter umgewandelt waren und von den planmäßigen Blütenhüllblättern allerdings durch einen Staubblattkreis getrennt blieben. Umgekehrt hat man bei Blüten des Schlaf-Mohns *(Papaver somniferum)* beobachtet, dass Staubblätter sich zu Fruchtknoten umbildeten und folglich aus einer Blüte dichte Kapselbüschel entstanden. Somit gehören die gestaltlichen Umrüstungen auch im Bereich der Blüte letztlich in das interessante Gebiet pflanzlicher Missbildungen, die für vergleichend entwicklungsgeschichtliche Betrachtungen eine Menge interessanten Stoff bereithalten.

Bei der berühmten Lotosblume (Nelumbo nucifera) ist die Feststellung der Symmetrieverhältnisse ebenso erschwert wie bei den See- und Teichrosen, mit denen sie aber überhaupt nicht verwandt ist.

Die Ringelblume *(Calendula officinalis)* ist funktionell eine Blume, besteht aber strukturell aus vielen Einzelblüten.

Auch jede einzelne Blume des Sonnenhutes (*Rudbeckia* sp.) ist ein kompakter und komplexer Blütenstand (vgl. S. 206 f)

Umbau von Köpfen

Der Gestaltwandel von der Normalversion einer Blüte zum gefüllten Dekorationsstück ist nicht nur eine Sache von Einzelblüten, sondern erfasst auch komplex zusammengesetzte Blütenstände, darunter vor allem die dicken Blütenköpfe der Korbblütengewächse. Hierbei werden anstelle einzelner Blütenbauteile ganze Blüten umfunktioniert: Aus fertilen Röhrenblüten der Körbchenmitte werden sterile Zungenblüten, wie sie bei vielen Korbblütlern gewöhnlich nur im Randbereich auftreten. Dieser Umbau, der mit durch und durch gefüllten Blütenköpfen endet, ist gerade bei Gartenblumen wie Maßliebchen *(Bellis)*, Sonnenblume *(Helianthus)*, Sonnenhut *(Rudbeckia)*, Ringelblume *(Calendula)*, Herbstastern *(Aster)*, Dahlien *(Dahlia)* oder Zinnien *(Zinnia)* so weit verbreitet und häufig, dass man ihn kaum noch als Fehlsteuerung der Gestaltbildung ansieht, sondern die betreffenden Formen gerade wegen ihrer abweichenden Stilrichtung besonders schätzt. Übrigens gibt es bei den Korbblütengewächsen auch den umgekehrten Fall – den Ersatz randständiger Zungenblüten durch voll funktionstüchtige Röhrenblüten. Man findet diese Erscheinung beispielsweise bei Kamille *(Matricaria, Chamomilla)*, Kreuzkraut *(Senecio)*, Habichtskraut *(Hieracium)* oder Wegwarte *(Cichorium)*. Eine der wenigen häufigeren Gartenpflanzen, deren Blütenköpfe durch eine solche Umrüstung verändert wurden, ist der Leberbalsam *(Ageratum)*. Solche Lösungen sind ökologisch unbedenklich, weil sie Insekten tatsächlich etwas zu bieten haben. Blüten oder Blütenköpfe, die nur noch aus Verpackung bestehen, sind für Blüten besuchende Kleintiere ökologisch völlig wertlos.

Bleibt die Frage, was denn eigentlich eine Pflanze veranlasst, die Normalentwicklung ihrer Blütenorgane beinahe beliebig umzugestalten und daraus monströse Schauobjekte herzurichten. So komplex die dazu erforderlichen Einzelschritte sind, so einfach ist letztlich der Erklärungsansatz: Im Grunde genommen genügt zur Umsteuerung in Richtung Fehlentwicklung die Betätigung weniger molekularer Schalter. Alle Zellen einer sich entwickelnden Blütenknospe enthalten ebenso wie im gesamten Rest der Pflanze jeweils alle für die betreffende Art kennzeichnenden Erbinformationen, abgespeichert in den Bausteinfolgen der Nukleinsäuren. Aber nicht jede Zelle oder jedes Gewebe setzt die Gesamtheit dieser Information auch tatsächlich in Formbildungsvorgänge um. Die planmäßige, geordnete Entwicklung zum gestaltlich arttypischen Individuum setzt vielmehr voraus, dass in bestimmten Geweberegionen nur ausgewählte Programmteile aus dem Gesamtvorrat abgerufen werden. Was einen kleinen Gewebeausschnitt am Ende der Sprossachse darüber orientiert, dass hier zunächst grüne, später intensiv bunt ausgefärbte Zellen für Kronblätter und eben keine Wurzelrinde anzulegen sind, ist eine im Detailablauf immer noch weitgehend unerklärte Koordinationsleistung. Eher ist zu verstehen, dass im Programmabschnitt «Blüte» die Entscheidung zwischen Kronblatt und Staubblatt leicht zu beeinflussen ist, zumal beide Blütenbestandteile im Normalfall in engster Nachbarschaft zueinander entstehen. Pflanzenhormone sind für die Programmwahl und damit für die Betätigung molekularer Schalter verantwortlich. Das zeigen unter anderem schon vor Jahrzehnten durchgeführte Experimente, bei denen man durch gezielte Wuchsstoffgaben den weiteren Formbildungsweg einzelner Blütenregionen umstimmen konnte.

Das untere und obere Ende der Skala

Alle Pflanzen fangen einmal ziemlich klein an – als winzige und manchmal sogar staubfeine Samenkörner, die mühelos und fast unbegrenzt über die Luftroute verbreitet werden. Die kleinste Blütenpflanze der Welt kommt aber selbst im voll ausgewachsenen Zustand kaum über Samenkorn-Abmessungen hinaus. Sie trägt den bezeichnenden Namen Zwerglinse und ist ein Winzling, der kaum mehr als einen Millimeter lang, breit und hoch wird (Abb. Seite 112 Mitte). Die erst 1980 in Australien entdeckte *Wollfia angustata* ist sogar noch etwas kleiner – bis zu 0,6 Millimeter lang und knapp 0,4 Millimeter breit.

Während selbst die heimischen Baumarten mit den Rekorden der Mammutbäume nicht annähernd mithalten können, kommt in Mitteleuropa zumindest eine der kleinsten auf dem Festland lebenden und auch tatsächlich blühenden Pflanzen vor: Die ziemlich seltene und nur einjährige Art heißt bezeichnenderweise Kleinling *(Centunculus minimus)* und gehört zu den Primelgewächsen. Ausgewachsen ist sie meist nur ein bis zwei Zentimeter hoch. Da bei diesen Abmessungen auch die grünlichen Blüten nicht viel hergeben, weil sie von den Nektar oder Pollen suchenden Insekten im sonstigen Stängelgedränge schlicht übersehen werden, praktizieren sie sicherheitshalber gleich Selbstbestäubung.

Eine spektakulärere Einzelschöpfungen ist die bis zu dreißig Zentimeter breite Blüte der Königin der Nacht *(Selenicereus grandiflorus)*, eines Kakteengewächses aus dem südamerikanischen Regenwald. Aber selbst sie ist bestenfalls Mittelklasse angesichts einer wahrhaft gigantischen Superblume im XXL-Format: Bis zu einem Meter Durchmesser erreicht die Einzelblüte von *Rafflesia arnoldii* aus den Tropenwaldgebieten von Sumatra. Die Gattung ist benannt nach dem Gründer der Stadt Singapur, dem britischen Kolonialgouverneur Sir Thomas Stanford Raffles (1781–1826). Zusammen mit seinem Begleiter George Arnold entdeckte er die Riesenblume im Jahr 1818.

Schauen wir jetzt einmal kurz auf ungewöhnliche Blütenstände. Eine der spektakulärsten Erscheinungen im Pflanzenreich ist die ebenfalls nur in den Regenwäldern Sumatras vorkommende Titanenwurz *(Amorphophallus titanum)*, eine enge Verwandte des heimischen Aronstabs. Ihr Blütenstand sprengt alle sonst üblichen Dimensionen: Winzige männliche und weibliche Blüten sitzen an der Basis einer kolossalen, keulenförmig verdickten, bis über drei Meter hohen, bleichen Blütenstandsachse. Sie wird von einem riesigen, trichterartig gefalteten, bis zu 1,5 Meter breiten Hochblatt eingehüllt. Beim Aufblühen verströmt auch der Blütenstand der Titanenwurz einen ziemlich üblen Aasgeruch und lockt damit die Weibchen nachtaktiver Käfer aus den Gattungen *Creophilus* und *Diamesus* an, die ihre Eier sonst in verwesende Tierkadaver legen.

Der sprießende Blütenstand der Mittelmeer-Agave *(Agave americana)* lässt Gigantismus erwarten.

Die Herbst-Zeitlose *(Colchicum autumnale)* besitzt die längsten Blüten der heimischen Flora: Im Boden reichen sie noch mindestens eine Handbreite tiefer hinab.

Der Riesen-Bärenklau *(Heracleum mantegazzianum)* gilt neuerdings zwar als Problempflanze, aber seine Blütenstände sind imposant.

Die Zwerglinse *(Wolffia arrhiza)* ist mit etwa 1 mm Durchmesser die kleinste Blütenpflanze der Welt. Ihre einfachen Blüten sind – wenn überhaupt vorhanden – fast mikroskopisch klein.

Die größte Einzelblüte entwickelt die berühmte Rafflesia *(Rafflesia arnoldii)* auf Sumatra.

In Mitteleuropa sieht man sie allenfalls als Kübelpflanze in großen Gärten. Im Mittelmeergebiet ist sie fast überall eingebürgert. Beheimatet ist die Amerikanische Agave *(Agave americana)* von Mittelamerika bis zum westlichen Nordamerika mit Verbreitungsschwerpunkt in Mexiko. Schon bald nach der Entdeckung der Neuen Welt durch Kolumbus brachte man jüngere Pflanzen nach Europa. Das erste Exemplar hat 1583 in einem Garten bei Pisa geblüht.

Auch im nicht blühenden Zustand ist die Pflanze recht eindrucksvoll. Ihre zwanzig bis dreißig meist bläulich grünen (bei Zierformen auch gelb gestreiften) Blätter werden etwa 1,5 Meter lang und bilden eine bis zu drei Meter breite Rosette. Im Hochsommer streckt die Pflanze ihren Blütenstand bis auf etwa acht Meter Höhe streckt. Er verzweigt sich nach Art einer Rispe. Jeder der 25 bis 30 Äste trägt etwa tausend kleinere Einzelblüten.

Mit bis über drei Meter Wuchshöhe und rund einem Meter langen Laubblättern ist der Riesen-Bärenklau *(Heracleum mantegazzianum)* die größte in Mitteleuropa wildwachsende krautige Pflanze. Um 1890 wurde sie aus dem westlichen Kaukasus als Zierpflanze für größere Gärten sowie als ergiebige Bienenweide eingeführt. Die Blütenstände sind zusammengesetzte Dolden und am Ende der Hauptachse bis über fünfzig Zentimeter breit. Selbst an den Seitenzweigen erreichen durchweg mehr als 25 Zentimeter. Eine ausgewachsene Pflanze trägt bis etwa 50 000 Einzelblüten, und jede bringt zwei Teilfrüchte hervor, die viele Jahre keimfähig bleiben. Damit ist der Ausbreitungserfolg garantiert.

Zu den eigenartigsten heimischen Pflanzen gehört die Herbst-Zeitlose *(Colchicum autumnale)*. Die Blütenblätter gehen in eine schlanke, rundum geschlossene Röhre über, in der man aber keinen Fruchtknoten findet. Dieser sitzt fast zwei Handbreiten tiefer im Boden innerhalb einer Knolle. Die gesamte Blütengröße berechnet sich also aus den vier bis acht Zentimeter Länge der freien Blütenblattzipfel und der bis 25 Zentimeter langen Blütenröhre. Mit diesen rund dreißig Zentimeter Gesamtlänge ist die Blüte der Herbst-Zeitlose der absolute Rekordhalter unter den europäischen Blütenpflanzen. Entsprechend weit ist der Weg, den der Pollenschlauch von der Narbe durch das Griffelgewebe bis zu den Samenanlagen tief im Boden überwinden muss. Für die beachtliche Langstrecke benötigt er mehrere Wochen, ab Herbst bei seinem Tiefgang spürbar gebremst durch die sinkenden Außentemperaturen. Die Befruchtung erfolgt daher erst im fortgeschrittenen Winter.

Blüten gliedern das Jahr

Die römischen Floralien, die sicherlich in ihrer Tradition stehenden Mai-Feste, aber auch Weinblüten- oder Dahlienfeste sowie andere Anlässe im Jahreskreis sind unverkennbar mit den Blüten assoziiert. Wenn man nicht gerade ein zwischen Betonfassaden eingepferchter Großstadtmensch ist, richtet sich die eigene Wahrnehmung der Jahreszeitlichkeit natürlich nicht streng nach dem Diktat des Kalenders, sondern nach den Phänomenen und Rhythmen der lebenden Natur. Blüten spielen dabei eine ganz besondere Rolle. Weil der jeweilige Witterungsverlauf immer mitspielt und auch die Höhenlage des Beobachtungsortes einen besonderen Einfluss hat, kann man den kalendarisch-astronomischen fixierten Beginn der Jahreszeiten getrost vergessen. Naturbetont lebende Menschen legen ihn mit bestimmten Naturerscheinungen fest. Das hat gerade im bäuerlichen Lebensumfeld eine besondere Einbindung und ist sogar wissenschaftlich genauer erforscht: Mit Phänologie bezeichnet man die periodisch wiederkehrenden Lebensäußerungen von Pflanzen (und Tieren).
Gegenüber den starren Kalenderdaten hat die phänologische Einteilung der Jahreszeiten den enormen Vorteil, dass sie die tatsächlichen Entwicklungsschübe in der Natur bzw. in einer konkreten Region real abbilden. Pflanzen eignen sich dafür besser, weil ihre Lebenstätigkeiten mit Blühen, Laubaustrieb und Fruchten im Allgemeinen stark auffallen und daher gut zu beobachten sind.

Tabelle 3
Pflanzen legen die Jahreszeiten fest.

Jahreszeit	beginnt mit ...	... und endet mit
Vorfrühling	Blüte von Hasel und Schneeglöckchen	Laubaustrieb der Rosskastanie
Erstfrühling	Laubentfaltung der Rot-Buche	Blüte der Rosskastanie
Vollfrühling	Apfelblüte	Stäuben des Roggens
Frühsommer	Blüte von Schwarzem Holunder	Beginn der Roggenernte
Hochsommer	Roggenreife	Fruchtabwurf der Rosskastanie
Frühherbst	Reife der Rosskastanien	einsetzende Laubverfärbung
Vollherbst	einsetzende Laubverfärbung	allgemeiner Laubfall
Winter	Tagesdurchschnittstemperatur unter 0 °C	Stäuben der Haselkätzchen

Die schmucke Strandkamille *(Tripleurospermum maritimum)* ist ein typischer Hoch- und Spätsommerblüher.

Mit dem Beginn der Obstblüte assoziiert man den endgültigen Beginn des Frühjahrs.

Ansonsten ist darauf hinzuweisen, dass bereits viele populäre Pflanzennamen Zitate ihrer jeweiligen jahreszeitlichen Blühaktivität sind: Von Fastnachtsbaum, Märzenbecher, Osterglocke, Maiglöckchen und Pfingstrose lässt sich der Bogen spannen bis zu Sommerflieder, Herbstaster und Winterling.

Der Beginn der Jahreszeiten verzögert sich erwartungsgemäß entsprechend der geografischen Lage des Beobachtungsortes: Je ein Grad nördlicher Breite und hundert Meter Höhenzunahme lässt sich daher auf der Grundlage von Erfahrungswerten eine zuverlässige Verspätung in Tagen angeben und dazu auch ein tägliches süd-nördliches Fortschreiten des jeweiligen Jahreszeitenstarts in Kilometer pro Tag. Weil der Frühling im Allgemeinen von Süden nach Norden durch Mitteleuropa zieht, braucht er etwa vier Tage, um einen Breitenkreis zu überwinden. Im Westen startet die Saison etwas früher als im Osten. Für die Überwindung von einem Längengrad (zirka hundert Kilometer) benötigt er ebenfalls rund vier Tage. Wenn er von den Tälern auf die Berge steigt, schafft er je hundert Meter ebenfalls in vier Tagen. Für die einzelnen Jahreszeiten hat man aus der genauen phänologischen Beobachtung die folgenden Werte abgeleitet:

Tabelle 4
Wie die Saison vorankommt …

Jahreszeit	**Breitenverzögerung** (km je Tag)	**Höhenverzögerung** (Tage je 100 m)	**Fortschreiten nach Osten und Süden** (km je Tag)
Vorfrühling	1,5–2,6	2,9–3,4	76–74
Erstfrühling	3,4–4,2	ca. 4	33–26
Vollfrühling	3,0–3,6	3,1–4,7	37–27
Frühsommer	ca. 3	3,4–4,2	ca. 37
Hochsommer	5,2–5,9	4,3–5,6	27–20

In der heimischen Natur zeigt sich das wieder erwachende Leben schon ab Spätwinter mit den erstaunlich früh blühenden Gehölzen wie Hasel und Erle. Einige Straucharten werden eigens deswegen in Gärten angepflanzt, weil sie schon außergewöhnlich früh blühen. Dazu gehören die Zaubernuss-Arten (*Hamamelis* spp.), der Nacktblütige Jasmin *(Jasminum nudiflorum)*, der Winter-Schneeball *(Viburnum fragrans)* oder der seltsame Fastnachtsbaum *(Prunus fenzliana)*. Alle winterruhenden Lebewesen benötigen klare Signale aus der Umwelt, um ihre aktive Lebenstätigkeit wieder aufzunehmen. Für die Pflanzen sind die Tageslänge sowie die Durchschnittstemperaturen die wichtigsten Impulsgeber.

5 Stäube und Bestäubte

Vorhergehende Doppelseite:
Berg-Flockenblume

Männliche Blüten der Schwarz-Kiefer *(Pinus nigra)* – ein Massenversandunternehmen.

Blüten, mögen sie nun noch so einfach, extravagant oder exotisch aussehen, erfüllen ausnahmslos einen klar umrissenen biologischen Auftrag: Sie sind fest eingeplante Funktionsglieder für die Weitergabe ihres Erbgutes an die nachfolgende Generation. Das Weiterreichen von Erbgut von der Eltern- auf die Nachkommengeneration bezeichnet man heute als vertikalen Gentransfer, weil die moderne Gentechnologie auch andere Wege beschreitet und Gene horizontal – auch über Artgrenzen hinweg – verlagert. Lange Zeit hielt man diese Wege für völlig widernatürlich, bis die Zellbiologie entdeckte, dass auch die Evolution ähnliche Routen gewählt hat, denn sonst wären aus stoffwechselspezialisierten Bakterien niemals Plastiden oder Mitochondrien entstanden.

Sender (Staubbeutel) und Empfänger (Narbe) der Pollenkörner liegen in den meisten Blüten wie beim Großblütigen Lein *(Linum grandiflorum)* sehr nahe beinander. Dennoch sind die kurzen Wege zur Bestäubung eher verboten.

Basiskonzept Fremdgehen

Für den ökosystemaren Erfolg einer Art ist nicht nur eine gesicherte Vermehrungsrate von Belang, sondern auch die möglichst raumgreifende Ausbreitung über einen größeren Teil der Biosphäre. Für Tiere ist das gewöhnlich kein besonderes Problem, denn sie können schwimmen, laufen und sogar fliegen. Zumindest die höheren Landpflanzen sind dagegen in aller Regel ortsfest verwurzelte Lebewesen – sie sitzen sozusagen lebenslänglich.

Nun könnte man daraus folgern, dass für sie die Überwindung größerer Distanzen nicht unbedingt ein nennenswertes Problem darstellen müsste: Immerhin liegen in einer vollständigen Blüte die Staubblätter und die Narbe des Fruchtknotens meist nur wenige Millimeter weit auseinander, und da wären doch die Wege vom Staubblatt bis zum Zielorgan eigentlich denkbar kurz. Aber: Auch bei Landpflanzen gilt das in der Natur weit verbreitete und gewöhnlich strikt befolgte Inzestverbot. Würden bei der sexuellen Fortpflanzung durch Selbstbestäubung und -befruchtung (Autogamie) immer nur die Gene schlimmstenfalls der gleichen Blüte oder des gleichen Individuums zusammengeführt, kämen mit absoluter Sicherheit keine vorteilhaften Neukombinationen von geringfügig verschiedenen Erbanlagen zu Stande. Das würde die biologische Fitness

Auch innerhalb des gleichen Blütenstandes wie beim Schwarzen Holunder *(Sambucus nigra)* ist meistens die Fremdbestäubung erwünscht.

Auch innerhalb des gleichen Blütenstandes wie bei der Kugelblume *(Globularia elongata)* ist meistens die Fremdbestäubung erwünscht.

der Folgegeneration mit Sicherheit arg beeinträchtigen, und das wäre populationsgenetisch außerordentlich unvorteilhaft.

Also haben die höheren Pflanzen offenbar doch das Problem, die räumlichen Schranken der eigenen Blüten zuverlässig zu überwinden und ihre Gene über größere Strecken zu versenden. Dazu hat die Natur raffinierte, oftmals geradezu an fast Unglaubliches grenzende Möglichkeiten entwickelt und optimiert, wie mit vertretbarem Aufwand ein möglichst bunter Genmix mit netten Neukombinationen hinzubekommen ist. Die im Zweifelsfall immer bevorzugte Fremdbestäubung/-befruchtung (Allogamie) setzt allerdings raumwirksame Ausbreitungsmechanismen voraus, mit der sich auch größere Distanzen überbrücken lassen. Dieses spezielle Erfordernis ist der Angel- und Kernpunkt fast aller Angepasstheiten in den Abläufen und Strukturen des Blütenbetriebs und wird folglich im Vordergrund der weiteren Betrachtungen stehen.

Jetzt wird es ziemlich staubig

Den (hoffentlich) weiten Weg von der Entstehungsstätte Pollensack im Staubbeutel einer Blüte A zur empfangsbereiten Narbe auf dem Griffel in einer entfernten Blüte B der gleichen Spezies nennt man Bestäubung oder Pollination, weil dabei der pulverfeine Blütenstaub (Pollen) übertragen wird. *Der* Pollen ist übrigens ein merkwürdiges Wort. Es wurde schon im 14. Jahrhundert aus dem lateinischen *pollen* = feines Mehl, Pulver oder Staub (vgl. das italienische *polenta* aus Maismehl) übernommen und existiert tatsächlich nur im Singular, obwohl es meist eine ganze Tüte voll Pulver meint. Möchte man ausdrücklich die Mehrzahl ausdrücken, bleibt tatsächlich nur die Wortwahl «die Pollenkörner».

In der Natur stehen im Prinzip nur drei bewegte Medien mit Fernwirkung zur Verfügung, die den Pollentransport übernehmen können. Es sind dies das gerichtet fließende Wasser und der Wind sowie laufende und/oder fliegende Tiere. Sind Wasser oder Wind die wirksamen Pollenvektoren, spricht man von abiotischer Bestäubung beziehungsweise von Hydro- oder Anemophilie. Übernehmen Tiere die Pollenverfrachtung, erfolgt die Bestäubung biotisch, und die betreffenden Pflanzenarten sind zoophil. Gelegentlich trifft man in diesem Zusammenhang auf die Bezeichnungen Zoo- oder Zoidiogamie, jedoch sind diese Begriffe etwas missdeutend, weil die beteiligten Tiere als Pollenspediteure lediglich die Bestäubung übernehmen und somit nur um mehrere Ecken an der Befruchtung *(-gamie)* beteiligt sind.

Die abiotische Pollenverbreitung besorgen fließendes Wasser (Hydrophilie) oder ein frischer Wind (Anemophilie).

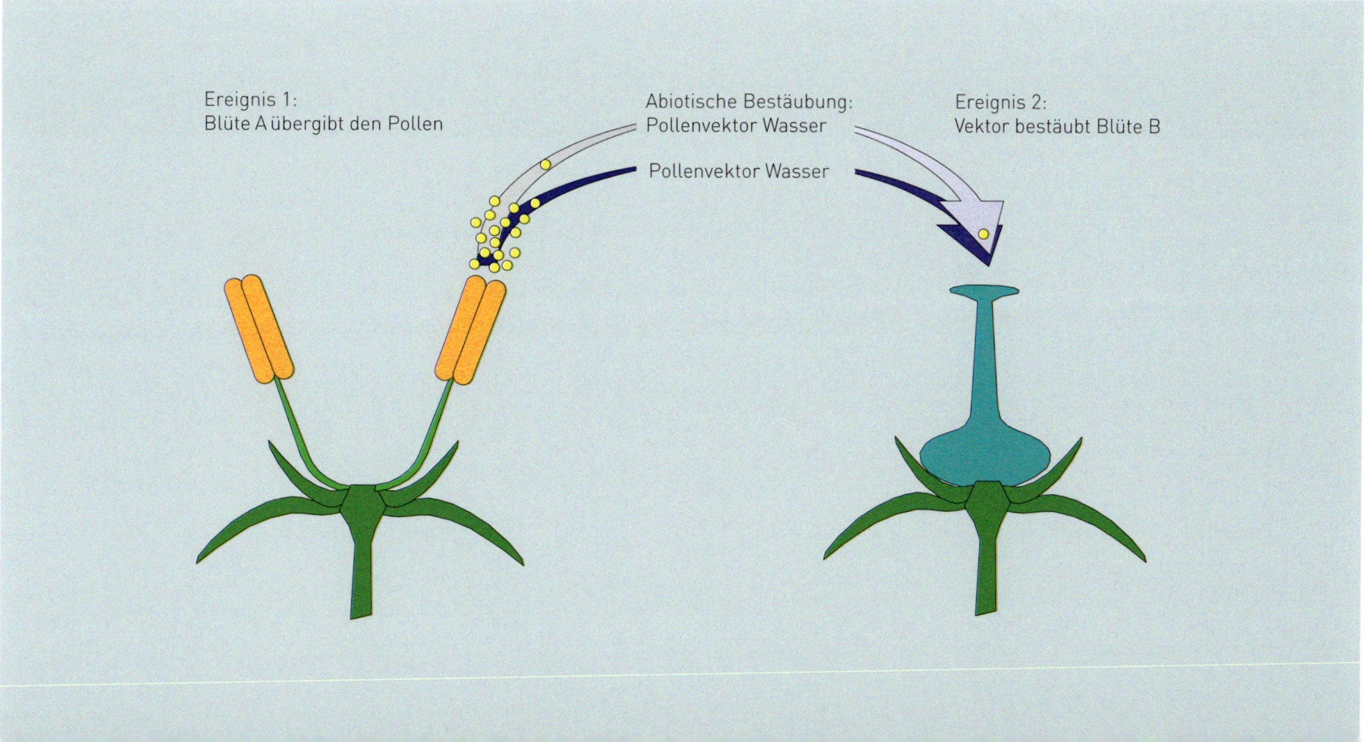

In großen Reinbeständen ist die Fremdbestäubung mitunter erschwert, weil nicht genügend tierische Bestäuber zur Verfügung stehen.

Wasserspiele

Wasser hat als Medium für die räumliche Verteilung von Fortpflanzungsstadien eine lange Tradition. Sämtliche Verwandtschaftsgruppen der Algen nutzen es, ferner die nicht wenigen aquatisch verbreiteten Pilze sowie die in oder am Wasser wachsenden Moose und Farne. Auch unter den Bedecktsamern – ausschließlich im Wasser verbreitete Vertreter der Nacktsamer gibt es unter den heute lebenden Arten nicht – nutzen etliche, aber nicht allzu viele Arten die Wasserroute der Pollenverteilung. Nur etwa fünf Prozent aller Blütenpflanzen mit abiotischer Bestäubung sind hydrophil. An den Meeresküsten sind es die *Zostera*-Arten, welche die ausgedehnten Seegraswiesen an der Niedrigwasserlinie bilden, aber auch die etwas seltsam aussehenden Arten Queller *(Salicornia europaea)* sowie Strand-Sode *(Suaeda maritima)*, die den ersten Gefäßpflanzengürtel in der unteren Gezeitenzone aufbauen. Ihr Pollen wird über die rhythmisch über ihre Standorte hinweg gehenden Gezeitenströme verbreitet. Aus Brackwasserstandorten wären als Beispiele die Salden (*Ruppia* spp.) zu benennen, aus den Binnengewässern die Hornkräuter (*Ceratophyllum* spp.). Die Blüten dieser hydrophilen Arten sind extrem einfach aufgebaut, besitzen eine stark reduzierte Blütenhülle und bestehen praktisch nur aus Antheren und Fruchtknoten, oft auf getrennten Individuen. Wir können diese Sonderformen hier getrost übergehen, zumal man kaum einmal Gelegenheit hat,

Wasserbestäubung bei der Amerikanischen Wasserpest *(Elodea nuttallii)*: Männliche Blüten lösen sich unter Wasser ab und steigen zur Oberfläche auf (links). Hier öffnen sie sich und streuen ihren Pollen als Viererpäckchen (Tetraden) auf die Wasseroberfläche. Verdriftete landen auf einer ausgebreiteten Narbe der weiblichen Blüte (rechts).

sie wirklich genauer in den Blick zu nehmen, denn viele der in Binnengewässern beheimateten Wasserpflanzen blühen nicht einmal besonders bereitwillig, sondern setzen eher auf eine effektive vegetative Vermehrung. Nur ein erwähnenswertes Szenario greifen wir heraus, weil es wirklich schon fast kurios ist: Es betrifft die Wasserbestäubung mancher Vertreter der Familie Froschbissgewächse (Hydrocharitaceae). Sie führen eindrucksvoll vor, wie die abiotische Bestäubung mit dem Vektor Wasser auch an der Gewässeroberfläche, an der Phasengrenze Wasser – Luft, stattfinden kann. Eingehend untersucht ist beispielsweise die Amerikanische Wasserpest *(Elodea nuttallii)*, die stellenweise auch in Mitteleuropa eingebürgert ist. Die männlichen Blüten lösen sich unter Wasser ab, steigen zur Oberfläche auf, entfalten sich und öffnen ihre sechs bis neun Antheren. Die Pollenkörner fallen im Viererpack (Tetraden) heraus und driften auf der Wasseroberfläche umher. Die weiblichen Blüten entfalten sich ebenfalls an der Oberfläche und lassen die Narbenspitzen in das Wasser eintauchen. Weil ihre Kelchblätter unbenetzbar sind, liegen sie in einer kleinen Oberflächendelle. Kommen die strömungsverdrifteten Pollentetraden in ihre Nähe, geraten sie buchstäblich auf die schiefe Bahn und landen zielgenau auf den Narben. Ähnlich raffiniert läuft auch die Wasserbestäubung bei der eingeschleppten Scheinwasserpest *(Lagarosiphon major)* sowie bei der Wasserschraube *(Vallisneria spiralis)* ab.
Die Wasserverbreitung des Pollens arbeitet ebenso wie die windvermittelte Luftroute insgesamt nicht allzu zuverlässig und funktioniert nur deswegen, weil eine große Anzahl Pollenkörner auf die Reise geschickt wird. So verwundert es andererseits nicht, wenn viele in Fließ- und Stillgewässern beheimatete Blütenpflanzen ihre als Signalgeber für die zielgenauer arbeitenden tierischen Bestäuber prächtig herausgeputzten Blüten entweder auffällig an der Wasseroberfläche platzieren wie die Seerose *(Nymphaea alba)* und der Flutende Hahnenfuß *(Ranunculus fluitans)* oder sogar deutlich über die Wasserfläche erheben wie die Gelbe Teichrose *(Nuphar lutea)*.

Man sieht es nicht, aber der Queller *(Salicornia europaea)* steht in Vollblüte. Die Pollenmassen seiner völlig unscheinbaren Blüten werden von den Gezeitenströmen transportiert.

Erbgut als Massenwurfsendung

Bei den windblütigen Arten stellt sich die Sache schon wesentlich anders dar, denn die heimische Flora hält davon eine reiche Auswahl bereit: Alle Nadelhölzer (Nacktsamer) aus Wäldern, Forsten, Parks und Gärten sind grundsätzlich anemophil. Bei den Bedecktsamern sind es vor allem viele Vertreter der Strauch- und Baumgehölze, besonders solche mit waldbildenden Gattungen (Birke, Buche, Eiche, Erle oder Hainbuche), und ferner alle Süßgräser (Poaceae), Binsengewächse (Juncaceae) und Riedgräser (Cyperaceae). Sie alle schlagen ihren Pollen buchstäblich einfach in den Wind. Das mag hinsichtlich der Trefferquoten ein wenig an die Aussendung von Flaschenpost erinnern, aber die Sache funktioniert dennoch zuverlässig und mit erstaunlichem Erfolg, weil die Natur auch hierfür bewundernswerte Optimierungsmöglichkeiten gefunden hat. Bevor jedoch das Syndrom Windblütigkeit etwas näher in die Blickachse rückt, schauen wir uns die Pollen produzierenden Einrichtungen und die Pollenkörner selbst etwas genauer an.

Ziemlich große und leuchtend gelbe Antheren finden sich bei der Himmelsleiter *(Polemonium coeruleum)*.

Für Antheren gibt es kein Standardmaß. Beim Hasenglöckchen *(Hyacinthoides non-scripta)* sind sie recht klein und ändern im Laufe der Blühphase Größe sowie Aussehen.

Mancherlei Muster und Modelle

Blütenschemata in Grund- oder Aufrissen stellen die Staubblätter als vergleichsweise einfache Gebilde mit aufrechtem Stielchen und länglichen, an deren oberem Ende angebrachten Staubbeuteln dar. Es ist gleichermaßen reizvoll wie unbedingt empfehlenswert, in verschiedenen Blüten mit Hilfe einer manierlichen Lupe einmal nach den vielen Baumustern und Modellserien zu fahnden, wie denn die Staubblätter bei verschiedenen Gattungen nun ganz genau aussehen. Selbst die Filamente bieten in dieser Hinsicht mancherlei Überraschungen, denn es gibt weiße und gefärbte, an der Basis stark verbreiterte, solche mit ovalem Querschnitt oder gertenschlanke, lattengerade oder leicht bis kräftig verbogene und alle auch noch in unterschiedlichen Längen. Sie sitzen auf der Innen- oder Außenseite und manchmal auch genau in der Mitte. Die Antheren zeigen jede nur denkbare Form zwischen superschlank und eher stark untersetzt – wie im richtigen Leben. Sie können stocksteif am oberen Stielchenende fixiert sein wie eine Straßenlaterne oder locker schaukeln wie einst der Gessler-Hut auf der Stange irgendwo am Vierwaldstättersee. Bei manchen Antheren sind alle vier Pollensäcke gleichgroß, bei anderen sind sie paarweise größenverschieden und ergeben dann im Querschnitt eine typische Schmetterlingsfigur (Abb. Seite 135). Zudem können die inneren und äußeren Pollensäcke paarweise zusammen- beziehungsweise auseinanderrücken. Schließlich gibt es auch Sonderformen, bei denen sich nur eine der beiden Theken entwickelt – wie etwa beim Rosmarin *(Rosmarinus officinalis)* und beim Wiesen-Salbei *(Salvia pratensis)*. Bei den Kleearten (*Trifolium* spp.) findet man eine Rückbildung der zur Blütenmitte hin orientierten Pollensäcke, bei den Veilchen (*Viola* spp.) mitunter eine solche auf der Gegenseite. Schließlich können auch alle Theken beziehungsweise Pollensäcke miteinander verschmelzen und nur noch eine ungegliederte Pollenkammer hergeben wie bei den Braunwurz-Arten (*Scrophularia* spp.) und den Königskerzen (*Verbascum* spp.). Es versteht sich, dass die Fachleute der Blütenmorphologie für alle diese Sonderentwicklungen spezielle und nicht unbedingt besonders handliche Fachausdrücke entwickelt haben, auf die wir hier gerne verzichten können.

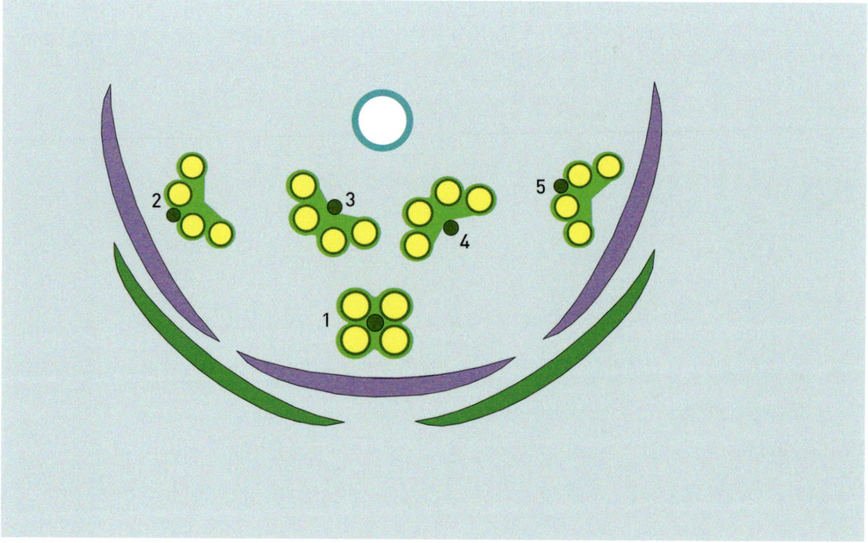

Antheren-Architektur im Detail; Möglichkeiten der Anheftung: **1** basifix, **2** und **4** dorsifix, **3** und **5** ventrifix; Öffnungsrichtungen sind: **1** seitlich (latrors), **2** und **4** nach außen (extrors), **4** und **5** nach innen (introrsl)

Auch bei vielen Obstgehölzen wie der Schlehe *(Prunus spinosa)* sind die Antheren ziemlich klein.

Vorgeformte Sollbruchstelle

Anthere der Wiesen-Primel *(Primula veris)*: Die vier Staubbeutel bilden eine schmetterlingsförmige Figur: Die geplante Aufrisszone befindet sich an der Außenflanke (mikroskopische Aufnahme).

Bei Aufnahme im polarisierten Licht zeigen sich die spangenförmigen Verstärkungen der Pollensackwand, die letztlich die Staubbeutelöffnung bewerkstelligen (mikroskopische Aufnahme).

Ein keineswegs banales Problem betrifft nun die Frage, wie denn die reifen Pollenkörner ihre Entstehungsstätte Pollensack überhaupt verlassen können. Irgendwie muss sich dazu die Wand der Anthere zum richtigen Zeitpunkt in geeigneter Weise zuverlässig öffnen. Den Schlüssel zum Verständnis bietet der Schichten- beziehungsweise Zellwandaufbau der Pollensäcke, den man sich am besten in einem Mikroskop anschaut. Außen beginnt die Folge mit einer vergleichsweise dünnwandigen Zellschicht oder Epidermis, bei den Antheren auch als Exothecium bezeichnet. Weiter nach innen folgt das Endothecium, dessen Zellen deutlich größer sind und während der Antherenreifung eine folgenreiche Ausgestaltung erfahren: Innerhalb der radialen Zellwände bilden sich beim Heranwachsen nämlich spezielle faserartige Verdickungsleisten oder Spangen, die jeweils am Zellboden zusammenlaufen und sich nach außen ein wenig verjüngen. Man kann sich das gesamte Arrangement wie eine Hand vorstellen, die mit den gespreizten Fingern einen Apfel umfasst. Eine solche unter der Epidermis angelegte Faserschicht ist für die Bedecktsamer typisch; bei allen Nacktsamern findet sich eine vergleichbare Faseraussteifung der Zellwand stattdessen nur weiter außen in der Epidermis. Die zur ergänzenden Festigung eingelagerten Wandbaustoffe sind doppelbrechend (anisotrop) und leuchten daher bei mikroskopischer Beobachtung im polarisierten Licht hell auf.

Das Mikroskop gibt weiteren Aufschluss. In den Kontaktbereichen am Konnektiv sind die Faserzellen zwei- bis dreilagig ausgebildet. Bezeichnenderweise ist ihr im polarisierten Licht hell aufleuchtendes Band (Abb. rechts unten) jedoch nicht komplett geschlossen. Wo die Außenwände der Pollensäcke außen an der Anthere zwischen sich eine tief gefurchte Längsrinne bilden, fehlt bei ein paar Zellen die charakteristische Faserverstärkung. Es ist der als Stomium bezeichnete Bereich, an dem sich die Pollensäcke öffnen, um ihre Pollenfracht freizusetzen: Exakt hier trennt sich die Pollensackwand wie mit einem Reißverschluss gegebenenfalls auf dem gesamten Längsverlauf der Anthere vom Konnektiv.

Zwei Ereignisse leiten den Öffnungsvorgang erfolgssicher ein. Einerseits lösen sich die ohnehin dünnen Zellwände der Kontaktzellen zwischen Endothecium und Konnektiv als Sollbruchstelle spontan auf. Zum anderen geben die faserverstärkten Endotheciumzellen während der Blütenentfaltung in kurzer Zeit durch Verdunstung einen großen Teil ihrer Wasserfüllung ab. Dadurch entsteht in der gesamten Faserschicht ein starker Kohäsionszug – die einzelnen Zellen krümmen sich wegen ihrer ungleichförmig spangenartigen Wandverdickungen auf der Außenseite stärker als innen. Schließlich kann

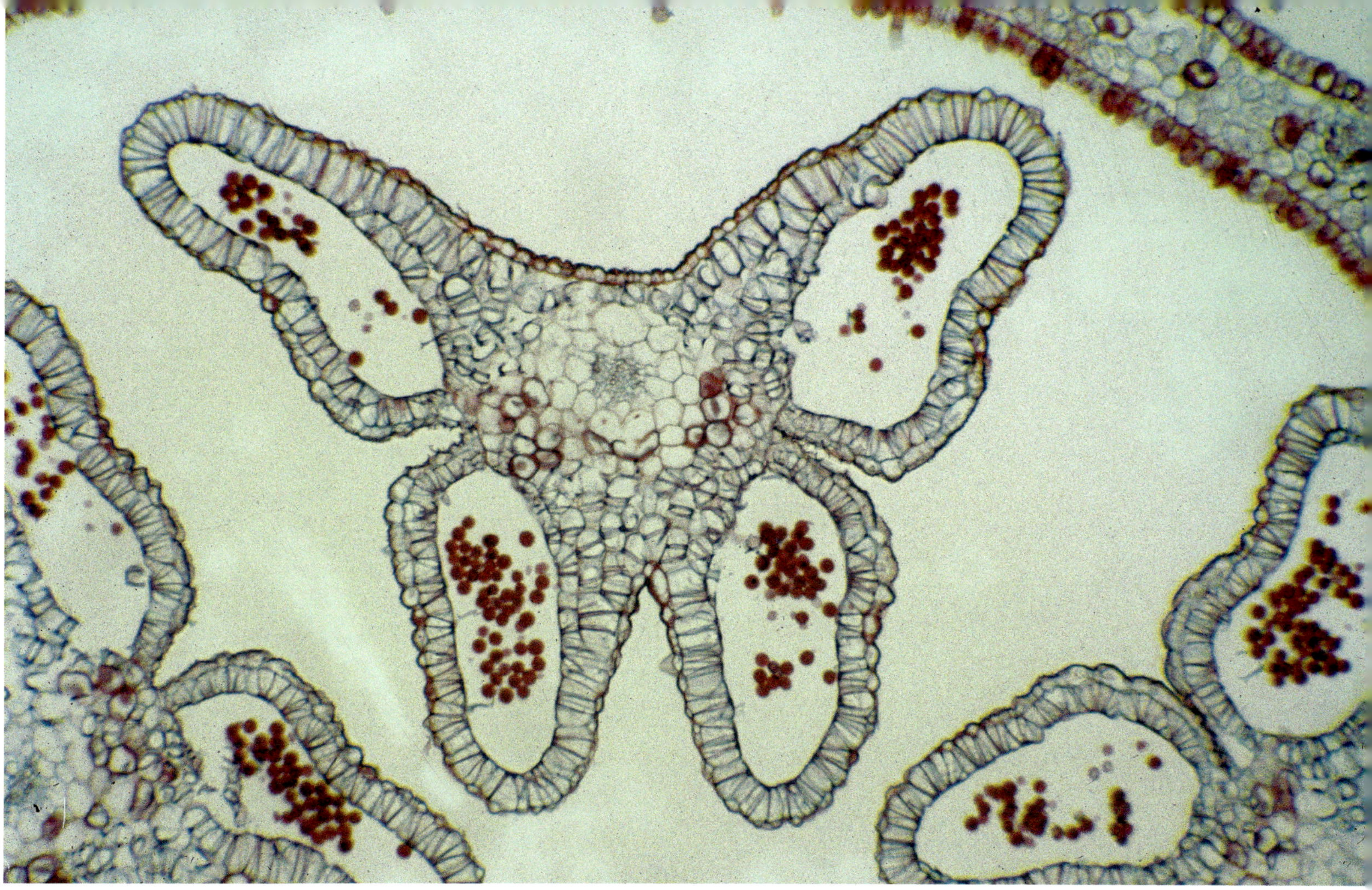
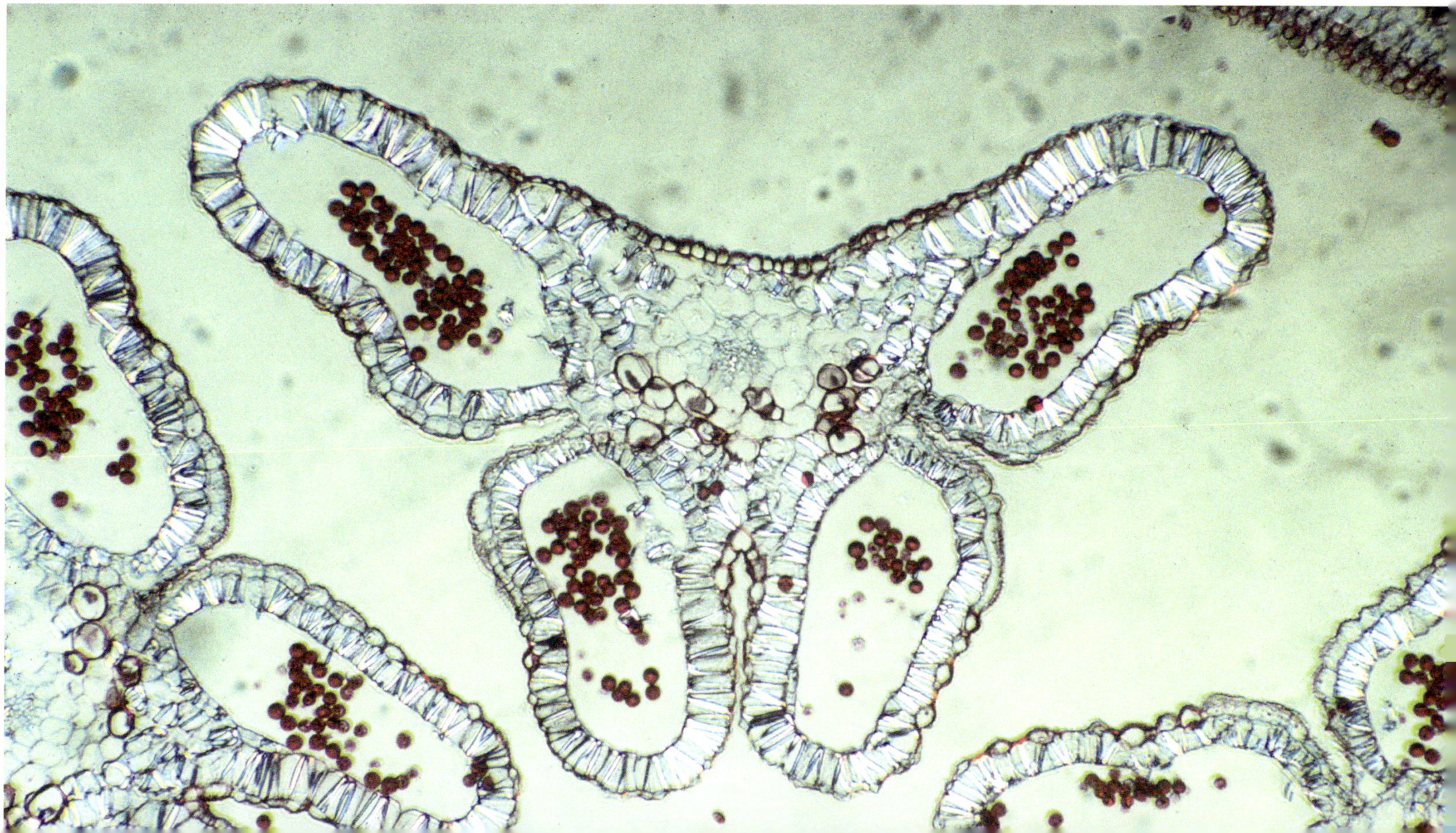

Die Staubbeutel öffnen sich durch Kohäsion im Endothecium nach Wasserverdampfung bzw. Trocknung.

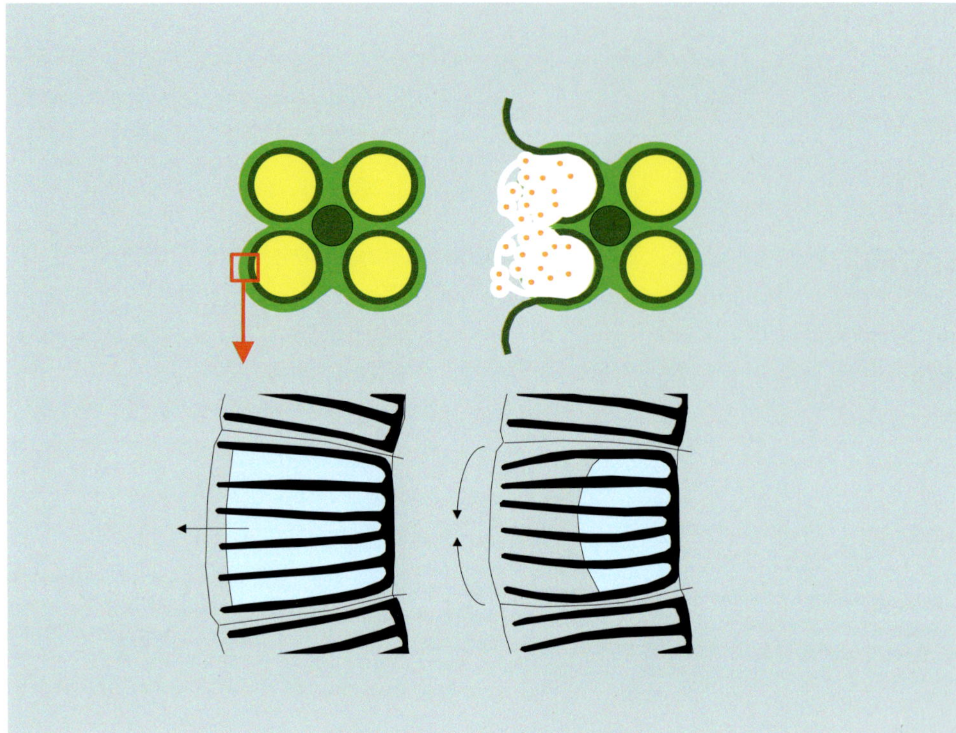

das Stomium den wachsenden Zugkräften nicht mehr widerstehen. Der Pollensack reißt auf, und seine gesamte vielteilige Pollenfüllung sitzt sozusagen schlagartig im Freien.

Dieser Öffnungsmechanismus gilt zwar prinzipiell für alle Pollensäcke, doch öffnen sich diese bei vielen Pflanzengattungen gar nicht auf der kompletten Längsseite, sondern nur im Bereich besonderer Querspalten oder mit Klappen beziehungsweise Poren. In diesen Fällen beschränkt sich auch die Ausbildung des faserverstärkten Endotheciums auf die tatsächlich abgelösten Teilbereiche der Antherenwand. Klappig geöffnete Antheren finden sich bei vielen Vertretern der Lorbeergewächse (Lauraceae), Zaubernussgewächse (Hamamelidaceae) und Berberitzengewächse (Berberidaceae). Löchrige Porenöffnungen am Antherenende sind typisch für die Heidekrautgewächse (Ericaceae) – ihre Staubbeutel arbeiten also nach dem Prinzip eines Pfefferstreuers. Im Lupenbild kann man sie bei Azaleen und Rhododendren besonders eindrucksvoll erkennen.

Kleine Wunderwerke

Der in Bologna wirkende italienische Arzt Marcello Malpighi (1628–1694) und sein englischer Kollege Nehemiah Grew (1628–1711) waren nach der Erfindung des zusammengesetzten Mikroskops offenbar die Ersten, die den Blüten auch einige Geheimnisse aus der sehr kleinen Dimension entlockten und um 1675 unter anderem den Pollen entdeckten. Schon bald hatte man auch eine erste Vorstellung vom ungewöhnlichen Formenreichtum der Pollenkörner. Bereits im frühen 19. Jahrhundert war es eine gesicherte Erkenntnis, dass man die Form der Pollenkörner als kennzeichnendes Merkmal bei der Pflanzenbeschreibung verwenden kann. Jede Blütenpflanze bildet ihren eigenen und unverwechselbaren Pollen mit einer jeweils kennzeichnenden Kombination arttypischer Merkmale. Pollen hat demnach Fingerabdruckqualität, aber auch Kompassnadelcharakter: Unbekannte Pollenkörner lassen sich nach gestaltlichen Merkmalen ziemlich zuverlässig einer bestimmten Verwandtschaftsgruppe zuordnen.

Bei verschiedenen Pflanzenarten unterscheiden sich die Pollenkörner in Größe und Gestalt erheblich. Es gibt kugelige oder auch ellipsoide Typen, bei denen das Verhältnis der Polachsenlänge zum Äquatordurchmesser zwischen 0,5 und 2,0 variieren kann. Manche Pollenkörner sind auch kantig, eckig oder gänzlich unregelmäßig gestaltet. Ihre Größe bewegt sich im Allgemeinen zwischen zwanzig und fünfzig Mikrometer Durchmesser. Am unteren Ende der Größenskala bewegen sich die Vergissmeinnicht-Arten mit nur fünf Mikrometer Pollendurchmesser, am oberen die Kürbisblüten *(Cucurbita pepo)* mit rund 200 Mikrometer. Die beiden benannten Extreme verhalten sich also in ihren Abmessungen wie eine Milchtüte zur Litfaßsäule. Bei etwa 35 Prozent aller europäischen Pflanzenarten sind die Pollenkörner recht genau um 25 Mikrometer groß. Nur bei je etwa fünf Prozent der einheimischen Arten weichen sie deutlich nach oben oder unten ab. Die genaue Pollenkornabmessung ist allerdings keine absolut festgelegte artspezifische Größe, sondern kann in Abhängigkeit von verschiedenen Entwicklungsfaktoren auch jahreszeitlich schwanken.

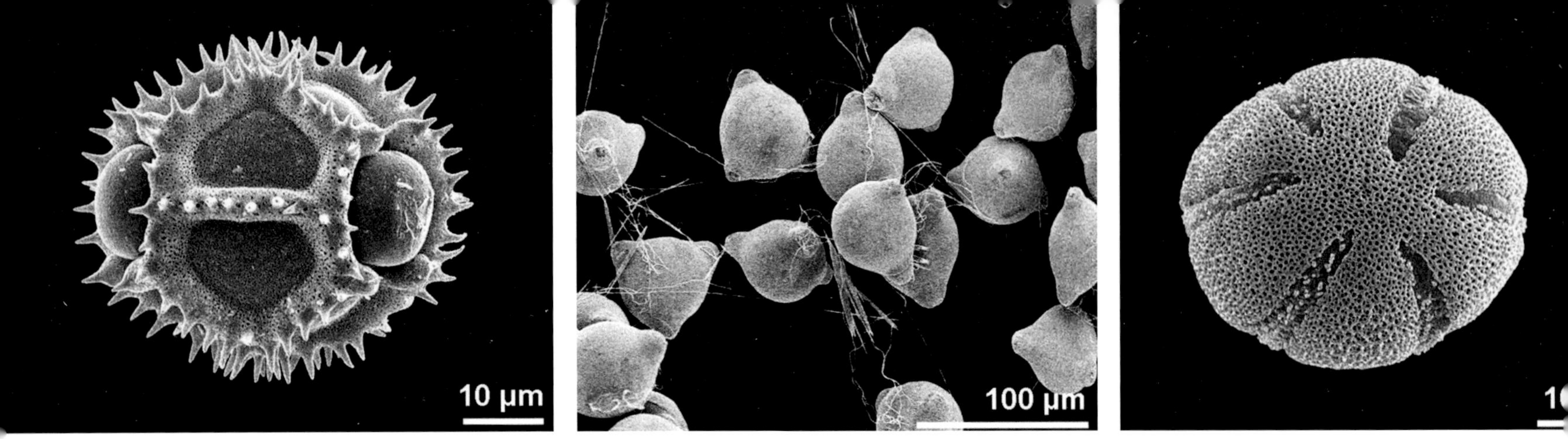

Pollenkörner zeigen eine familien-, gattungs- und meist auch artspezifische Oberflächengestaltung: Wegwarte (*Cichorium intybus*, links), Schmalblättriges Weidenröschen (*Epilobium angustifolium*, Mitte) und Gundermann (*Glechoma hederacea*, rechts).

Luken oder Schlitze

Die zur Befruchtung bestimmten Gameten(zell)kerne des reifen Pollenkorns verlassen ihre bemerkenswert ornamental gestylte Verpackung mithilfe des Pollenschlauchs. Dazu müssen sie aber aus dem Pollenkorn überhaupt erst einmal herauskommen. In der relativ stabilen und starren Wand des reifen Pollens sind dazu sinnvollerweise besondere Öffnungen (Aperturen) vorbereitet, von wo das Pollenschlauchwachstum buchstäblich seinen Ausgang nehmen kann. Gewöhnlich kann man die Aperturen auf die Form einer Keimpore (Lukentyp) oder einer länglichen Keimfurche (Schlitztyp) zurückführen. In einigen Fällen sind beide Öffnungstypen jedoch miteinander kombiniert: Manche Pollen öffnen sich mit Schlitzen, die in der Mitte zur runden Luke erweitert sind und deswegen colporat heißen. Die Aperturen können am fertigen Pollenkorn verschieden angebracht sein und etwa nur an den Zellpolen oder innerhalb bestimmter Zonen auftreten. Keimporen unterschiedlicher Form und Anzahl können miteinander verschmelzen und dann besonders komplizierte Aperturmuster ergeben. Es gibt auch Pollenkörner, bei denen sich eine einzelne Keimfurche spiralig gewunden über die gesamte Zelloberfläche zieht. Für die Unterscheidung der verschiedenen Pollentypen bilden gerade die Aperturen ein wichtiges Merkmalsfeld. Auf den Pollenkorn-Aperturen gründet sich übrigens auch die moderne systematische Gliederung der Bedecktsamer. Die Zweikeimblättrigen verteilt man heute auf zwei verschiedene Klassen: Die «Alt-Zweikeimblättrigen» *(Magnoliopsida)* weisen überwiegend Einfurchen-Pollenkörner oder davon abgeleitete Typen auf, die Neu-Zweikeimblättrigen *(Rosopsida)* dagegen Dreifurchen-Pollenkörner oder davon ableitbare Formen. Zur Frage der Pollenkornbezeichnung und ihrer Mustertypologie existiert eine reiche Spezialliteratur, weil die Pollenanalyse und Pollenkornbestimmung wichtige Fragen der angewandten Botanik berührt – bis hin zur Kriminalbiologie.

Zweckfreie Ästhetik?

Den Formen- und Gestaltungsreichtum der Pollenkörner bestimmen nicht nur ihre Dimensionierung, ihre Zellform oder ihre Aperturen. Einen ungleich wirksameren Anteil steuert die seltsame Ornamentik der Pollenkornwand (Sporoderm) bei. Ihre Strukturierung und Oberflächengestalt kommen in voller Schönheit eigentlich nur in rasterelektronenmikroskopischen Aufnahmen mit ihrer hochauflösenden Wiedergabe auch der kleinsten Details zur Geltung. Diese formale Ästhetik, die sich durch Gestaltungsmittel auf verschiedenen Ebenen der Zelle einstellt, gibt in mancherlei Beziehung immer noch Rätsel auf. Niemand weiß anzugeben, warum die Blütenpflanzen gerade in diesem Bereich so viele besondere Formbildungsprozesse in Gang setzen und über die funktionale Ausstattung der Pollenkörner hinaus äußerst komplizierte Dekors und Muster entwickeln. Für die Bestäubungsbiologie der Blüten sind die Oberflächenformen offenbar ohne Belang, denn die Erkennungssignale zwischen Narben und den damit verträglichen arteigenen Pollen sind biochemischer Natur und auf keinen Fall in den mikroskopisch darstellbaren Oberflächenstrukturen niedergelegt. Auch für die tierischen Bestäuber scheinen die Oberflächenmuster keine tragende Rolle zu spielen, denn sie sind viel zu klein und zu differenziert, um selbst von Insekten irgendwie wahrgenommen zu werden. Es gibt in der Natur keine Augen, welche die Pollenkornmuster ohne technische Hilfe wahrnehmen.

Die Vielfalt der Pollenkörner erscheint fast unbegrenzt. Zum Vergleich sind links vier Farn-Sporangien zu sehen.

Die männlichen Blüten der Berg-Kiefer *(Pinus mugo)* bestehen nur aus Staubblättern.

Vom Winde verweht

Ein einigermaßen geübter Pflanzenfreak wird einer bestimmten Blüte sofort ansehen, ob sie vom Wind oder von Tieren bestäubt wird, denn die Windblütigen zeichnen sich durch eine Anzahl gemeinsamer Merkmale aus, die man geradezu als Anemophilie-Syndrom beschreiben kann. Windbestäubte Blüten gelten als unauffällig und unscheinbar. Das wird man eventuell nur schwer nachvollziehen können, denn gerade bei Betrachtung aus der vergrößernden Nahperspektive einer Makroaufnahme geht auch von angeblich unattraktiven Blüten ein besonderer Reiz aus. Schauen Sie daraufhin doch einmal den ganz jungen weiblichen Blütenstand einer Berg-Kiefer *(Pinus mugo)*, die weibliche Blütenstände einer Hasel *(Corylus avellana)* mit ihren hübschen karminroten Narben oder selbst einen voll aufgeblühten Wiesen-Glatthafer *(Arrhenaterum elatius)* an – auch diese Klassiker unter den Windblütigen haben eine Menge ästhetischer Bildeindrücke zu bieten. Zugegeben: Ihre Blüten(stände) sind insgesamt relativ einfach aufgebaut. Es fehlen die üppig aufgemachte Blütenhülle, die immer als erstes in den Blick fällt, aber auch der Duft und der Nektar. Die Staubblätter sind meist an besonders

dünnen Stielchen aufgehängt, die im Wind wunderbar baumeln. Da ihre Pollenkörner enorm leicht und wegen des fehlenden Pollenkitts auf ihrer Oberfläche wirklich staubtrocken sind, werden sie tatsächlich von jedem Windstoß erfasst und stieben wolkenweise davon. Wenn man im Frühjahr bei der blühenden Hasel oder bei einer Eibe «auf den Busch klopft», sieht man sofort, wie die gelben Staubschwaden an den Start gehen. Bei den Windblütigen ist der Pollenversand eben eine Massenveranstaltung. Eine einzige ausgewachsene Fichte *(Picea abies)* oder eine Wald-Kiefer *(Pinus sylvestris)* setzt jährlich während ihrer Blütezeit im April/Mai etwa fünfzig Milliarden Pollenkörner an die Luft. Würde man die gesamte Pollenproduktion nur der mitteleuropäischen Nadelbäume gleichmäßig auf die Fläche Mitteleuropas verteilen, so kämen immerhin etwa 200 Millionen Pollenkörner auf jeden Quadratmeter. Einen Eindruck von diesem reichhaltigen Pollen-Flugverkehr vermitteln Fensterbänke, Autokarossen oder Gehwege, auf die nach einigen trocken-warmen Frühjahrstagen ein Platzregen niederging: Er schwemmt die unglaublichen Pollenmassen in großen Schlieren und Pfützen zusammen. Einfache Gemüter, die von den Zusammenhängen nichts wussten, sprachen früher von Schwefelregen – weil Pollenkörner hell- bis kräftig gelb gefärbt sind. Pollen der windblütigen Arten ist und war daher so gut wie allgegenwärtig. Für die Archäologen ist das ein besonderer Glücksfall. Sie können anhand der Pollendepots in den Tiefen von Seeböden

Die weiblichen Blütenstände der Berg-Kiefer *(Pinus mugo)* sehen in der Nahperspektive zwar sehr dekorativ aus, aber ihre Schmuckelemente sind bei den Windblütigen im Prinzip entbehrlich.

oder von Torfmooren die Vegetation früherer Jahrtausende rekonstruieren und Kulturgutfunde in entsprechenden Schichten damit recht genau datieren. Für Allergiker ist die Luftroute der Anemophilen-Pollen eher ein Happening, denn die im Prinzip völlig harmlosen Pollenkörner mancher Arten lösen nach Schleimhautkontakt in Augen und Atemwegen recht unangenehme Symptome aus, weil der Körper sie als gefährliche Eindringlinge missdeutet.

Nicht zu übersehen, wenn Windblütige ihre Pollenmassen aussenden. Die weitaus meisten enden nach Regengüssen buchstäblich in der Gosse.

Wolkenweise schlagen die Anemophilen ihren Pollen in den Wind. Nur wenige Pollenkörner erreichen ihr Ziel, aber eine Menge die Schleimhäute der Allergiker.

Segelflug mit Tauchmanöver

Bei der Hasel *(Corylus avellana)* schauen aus den knospenähnlichen Blütenstände prächtig karminrote Narben vor.

Die Landpflanzen haben sich zwar vom Wasser weitgehend, aber nicht vollends emanzipieren können. Bei den Nacktsamern findet sich im Bestäubungsablauf noch eine kleine, aber bemerkenswerte Erinnerung an die Übertragungswege im Wasser. Bei der Gattung Kiefer (*Pinus* spp.) landen die durch die Luft herangewehten Pollenkörner zwischen den Samenschuppen der künftigen Zapfen und werden am Eingang der seitlich herabgebogenen Samenanlagen von einem Miniaturgewässer (= Bestäubungstropfen) festgehalten. Die beiden großen Luftkammern der Kiefernpollen, die bei der Luftfahrt als Segelohren hilfreich waren, sind auch jetzt recht praktisch: Sie geben dem gelandeten

Startklar für den Massenversand von Pollen: Zitter-Pappel *(Populus tremula)*

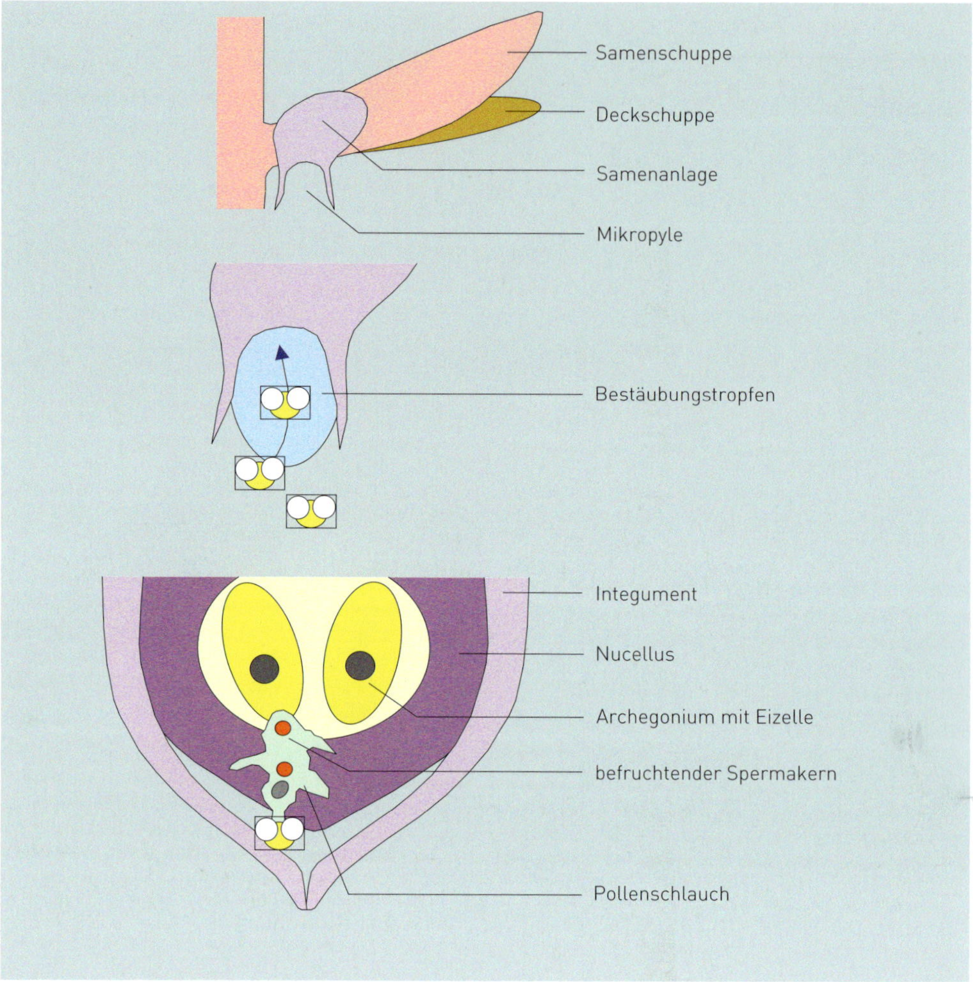

Bestäubung und Befruchtung bei den Nacktsamern am Beispiel der Kiefer (*Pinus* sp.): Lage der Samenanlage auf der Samenschuppe (oben). Das Mini-Gewässer Bestäubungstropfen lässt das Pollenkorn aufschwimmen (Mitte). Der Pollenschlauch überträgt nur einen seiner beiden Spermakerne (unten).

Pollenkorn im Bestäubungstropfen nach dem Bojenprinzip Auftrieb und führen es direkt nach oben zum Nucellus mit seinen beiden Archegonien. Der keimende Pollenschlauch verkeilt das Pollenkorn in Integument und Nucellus, und seine Spitze entlässt später (oft erst nach einem Jahr!) nur einen der beiden Spermakerne. Die Eizelle im benachbarten Archegonium muss demnach von einem anderen Pollenschlauch versorgt werden.

Die weiblichen Kätzchen der Weiß-Birke *(Betula pendula)* sind zwar relativ klein, strecken sich aber mit zahlreichen karminroten Narben in den Wind.

Männliche Kätzchen der Weiß-Birke *(Betula pendula)* baumeln im Wind und geben so ihren Pollen frei.

Das seltsame Bojenprinzip auf der Zielgeraden wurde schon 1935 entdeckt, blieb aber bis heute in sämtlichen etablierten Lehrbüchern der Botanik unberücksichtigt. Man kann es mit einigem präparatorischen Geschick an der in Gärten gerne gepflanzten Berg-Kiefer *(Pinus mugo)* überprüfen, deren Zapfen in erfreulich günstiger Reichweite sitzen.

Blütenstaub mit Sonnenbrille

Die Pollenkörner der Windblütigen sind überwiegend hell- bis kräftig gelb, weil sie größere Mengen gelblicher Carotenoide enthalten. Wäre diese Färbung nur eine dekorative Ausstattung, könnte die Natur auch darauf verzichten, weil nettes Aussehen für die vorgesehenen Ausbreitungsrouten eher unerheblich ist. Windverbreitete Pollenkörner reisen jedoch mitunter ziemlich hoch – und landen mengenweise auch auf den hochalpinen Firnfeldern. Weiter oben in der Troposphäre ist der UV-Anteil des Sonnenlichtes jedoch ungleich höher als im Tiefland. Weil Pollenkörner das männliche Erbgut transportieren und dieses durch UV-Strahlung geschädigt werden könnte, schützt die Natur sie mit einem wirksamen UV-Filter – eben durch Carotenoide wie in einer Hautcreme mit Lichtschutzfaktor zwanzig.

Männliche Blüten der Zypresse *(Cupressus sempervirens)* – ein Massenversandunternehmen

Typisch für windblütige Arten sind die großen Narben als Empfangsorgane der Pollenkörner: Weibliche Blüten des Walnussbaums *(Juglans regia)*.

Die Pollenkörner vom Haselstrauch *(Corylus avellana)* sind etwa dreißig Mikrometer (0,03 Millimeter) groß und wiegen etwa 9 × 10–9 Gramm. Wegen ihres geringen spezifischen Gewichtes von nur etwa 0,4 sinken sie bei absoluter Windstille etwa 1,5 cm s-1. Der freie Fall aus etwa drei Meter Höhe bis zum Auftreffen auf den Boden würde demnach also runde zwei Minuten dauern. Nun ist es aber draußen selten bis nie absolut windstill. Bei einer Windgeschwindigkeit von 1 m s-1 – das entspricht der für Segler völlig uninteressanten Windstärke eins – würde ein sinkendes Haselpollenkorn schon über hundert Meter weit seitlich verdriftet; bei Windstärke drei (leichte Brise) mit etwa 5 m s-1 könnte es dagegen schon fast 500 Meter weit fliegen. Verwirbelungen der Luftströmung tragen die schwebenden Pollenkörner aber immer wieder hoch hinaus bis in Höhen um 600 bis 1000 Meter, sodass die erreichten Flugweiten in der Praxis weitaus größer sind. Auf dem Firn in den Zentralalpen hat man sogar schon Pollenkörner aus dem tropischen Afrika nachgewiesen. Oder ein anderes Beispiel: In Südfrankreich blühen Hasel, Erlen und Birken Tage bis Wochen früher als im zentralen Mitteleuropa. Pollenallergiker im Rheinland bekommen das heftig zu spüren, bevor die betreffenden Arten in ihrer Region die Saison eröffnen. Die Reichweiten der pflanzlichen Luftfracht sind also nicht schlecht.

Ein großer Haselstrauch trägt etwa hundert weibliche Blütenstände mit zusammen etwa 600 Einzelblüten. Jede davon enthält zwei Samenanlagen, sodass also zusammen 1200 Samenanlagen zu befruchten wären. Die weiblichen Blütenstände fallen am noch unbelaubten Strauch kaum auf, die männlichen Kätzchen dagegen umso mehr: Es sind rund 300. Jedes davon besteht aus etwa hundert männlichen Blüten mit zusammen 400 Staubbeuteln, und in jeder Anthere reifen bis zu 5000 Pollenkörner heran. Das Pollenangebot eines kräftigen Haselstrauches ist also auch für Nichtallergiker durchaus atemberaubend – es sind 400 × 5000 = 2 000 000 je Kätzchen und rund 600 Millionen je Strauch. Setzt man diese Menge zur Zahl der vorhandenen Samenanlagen in Beziehung, dann kommen auf jede Eizelle etwa 500000 Pollenkörner. Das sieht nach einer beträchtlichen Verschwendung der männlichen Ressourcen aus und ist es auch, aber ein guter Fruchtansatz braucht zuvor in der Bestäubungsphase eine minimale Trefferquote. Die stellt sich rein rechnerisch folgendermaßen dar: Nimmt man zur Blütezeit der Hasel den durchschnittlichen Pollengehalt mit 200 Körnern pro Kubikmeter an (was eher der Untergrenze entspricht) und legt eine Windgeschwindigkeit von nur 1 m s-1 zu Grunde, erfolgt in jeder Minute ein sechzigfacher Luftwechsel; in der Stunde sind es 3600, an einem 24-Stunden-Tag gar 86400 Luftwechsel. Jeder Tag beschert einem Ein-Kubikmeter-Kronenraum somit einen Pollenflug von mehr als 15 Millionen Körnern. Da wundert es wohl letztlich doch nicht, dass die Pollenkörner auf den oft großen und verzweigten Narben hervorragende Trefferquoten erzielen und eine beeindruckende Samenbildung in Gang bringen. Birke, Erle, Zitter-Pappel und etliche andere anemophile Laubgehölze gehören nicht von ungefähr zu den besonders erfolgreichen Pionieren auf neuen Standorten.

Vorstoß ins Innere

Die Laubsträucher und -bäume in Wald und Flur sind allesamt Bedecktsamer. Soweit sie anemophil sind und ihren Pollen über die Luftroute verteilen lassen, ähneln sie versandtechnisch den Nacktsamern. Die Details der Bestäubung und erst recht die nachfolgenden Befruchtungsvorgänge stellen sich jedoch ein wenig anders dar: Das anfliegende Pollenkorn wird nicht durch einen Bestäubungstropfen festgehalten, sondern haftet an der leicht klebrigen Narbe fest. Wenn nun alle biochemischen Formalitäten (Sicherstellen der Artidentität u. a.) erledigt sind, tritt aus einer der vorgesehenen Öffnungsstellen der Pollenkornwand der meist sehr raschwüchsige Pollenschlauch aus und wächst durch den Griffelkanal hinunter in die Hohlräume des Fruchtknotens, in denen sich die Samenanlagen befinden. Gesteuert und gelenkt durch immer noch ein wenig geheimnisvolle Kräfte findet er den Eingang zwischen den beiden Integumenten zum Inneren der Samenanlage (= Embryosack). Unterdessen ist der Pollenschlauch dreikernig geworden und stellt einen extrem vereinfachten männlichen Gametophyten dar. Der vegetative Kern steuert das Wachstum, die beiden generativen Kerne (Spermakerne) sind die eigentlichen männlichen Keimzellen. Einer von ihnen verschmilzt im Embryosack mit der Eizelle, der andere mit einem besonderen Embryosackkern, der zum Ausgangspunkt des Nährgewebes für den bald vorliegenden Embryo wird. Es liegt bei den Bedecktsamern demnach planmäßig eine Doppelbefruchtung vor.

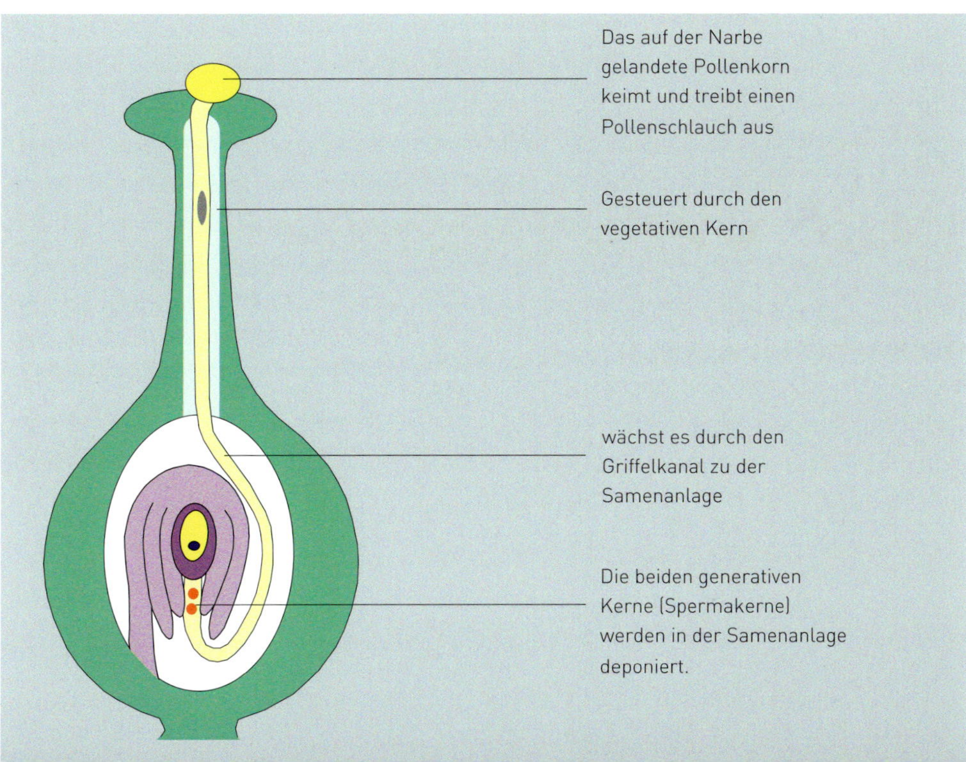

Bestäubung und Befruchtung bei den Bedecktsamern: Der Pollenschlauch hat einen etwas komplizierteren Weg und überträgt beide Spermakerne.

Hübsch anzusehen, aber ohne Adressat: Blütenstand vom Wiesen-Fuchsschwanz *(Alopecurus pratensis)*

Zoophilie – eine tierisch gute Beziehung

Die Windbestäubung mag – vor allem beim Blick auf die ohnehin etwas archaisch anmutenden Nacktsamer – zunächst als ziemlich antiquierter Versandweg für Pollenkörner erscheinen. Aber sie arbeitet, wenn auch reichlich verschwenderisch, zuverlässig und mit beachtlichen Erfolgen. Vor allem in großen, relativ artenarm zusammengesetzten Lebensgemeinschaften wie Prärien und Savannen, Laub- und Nadelwäldern ist Anemophilie einfach das Mittel der Wahl. Wie anders sollten die zahllosen Individuen einer horizontweiten Grasflur oder eines nur aus Kiefern bestehenden Waldes sonst erfolgreich bestäubt werden? So viele Tiere, wie eigentlich erforderlich, kommen in solchen Lebensräumen gar nicht vor.

Seit rund 140 Millionen Jahren gibt es auf der Erde Bedecktsamer (vgl. Themenkasten S. 146 f.). Das ist in geologischen Zeitspannen argumentiert noch nicht allzu lange. Würde man die gesamte bisherige Erdgeschichte auf eine Stunde zusammenkürzen, gäbe es diesen ungemein erfolgreichen Pflanzentyp tatsächlich erst seit rund neunzig Sekunden. Das Geheimnis ihres Erfolges und vergleichsweise raschen Aufstiegs ist ein so zuvor nicht umgesetztes strategisches Konzept: Viele Bedecktsamer entwickelten Wege, Tiere mit größerer Reichweite fest in ihre Bestäubungsabläufe einzubeziehen. Vor allem Insekten, aber auch kleinere Wirbeltiere wurden schon gegen Ende der Kreidezeit zunehmend statt Wasser und Wind zu wirksamen Pollenvektoren. Damit begann eine einzigartige

Blüten unterbreiten ein gigantisches Nahrungsangebot. Sie sind auf tierische Besucher dringend angewiesen.

Erfolgsgeschichte, die bei allen Beteiligten viele erstaunlichen Angepasstheiten, aber auch wechselseitige Abhängigkeiten hervorgebracht hat. So stehen wir also heute staunend vor einem Blumengarten oder an einer blühenden Wiese und stellen fasziniert fest, wie es hier erkennbar summt und wimmelt: Hautflügler (Bienen, Hummeln, Wespen) sind die häufigsten Akteure. Außerdem sind auch manche Käfer wie der hübsche Rosenkäfer *(Cetonia aurata)* oder der Pinselkäfer *(Trichius fasciatus)* regelmäßige Blütenbesucher. Auf Doldenblütengewächsen findet man fast immer auch Weichkäfer (*Cantharis* spp.). Oft sind Fliegen zu Besuch, darunter vor allem die faszinierenden Schwebfliegen (Syrphidae), und natürlich die Schmetterlinge mit fast allen ihren Ordnungen.

Wenn man heute einen blühenden Apfelbaum bestaunt, aus dem ein vielstimmiges, auf äußerst geschäftiges Tun und Treiben hindeutendes Summen zu vernehmen ist, wird sofort deutlich, dass hier eine bemerkenswert enge und sicherlich auch komplexe Kooperation im Gange ist. Sie lässt sich gewiss nicht auf die einfache, obwohl im Prinzip richtige Aussage «Bienen bestäuben die Obstbäume» reduzieren. Die Bienen in der blühenden Baumwiese, die Hummeln auf der Himmelsleiter oder die Falter auf der Flockenblume stellen das hochgradig optimierte vorläufige Ergebnis einer langen Entwicklungsreihe mit geradezu unwahrscheinlichen Einzelszenarien dar. Was und wer alles in dieses wunderbare Verhältnis zwischen Pflanzen und Tieren eingreift und in welchem Maße auch Betrüger, Diebe, Fallensteller, Falschmünzer, Liebesschwindler, Schaumschläger sowie – aus menschlicher Sicht – weitere eher unliebsame Zwielichtige mitmischen, gehört zweifellos zu den faszinierendsten Kapiteln der Ökologie. Frappierende Fallbeispiele werden wir in den folgenden Kapiteln kennenlernen und etwas genauer analysieren.

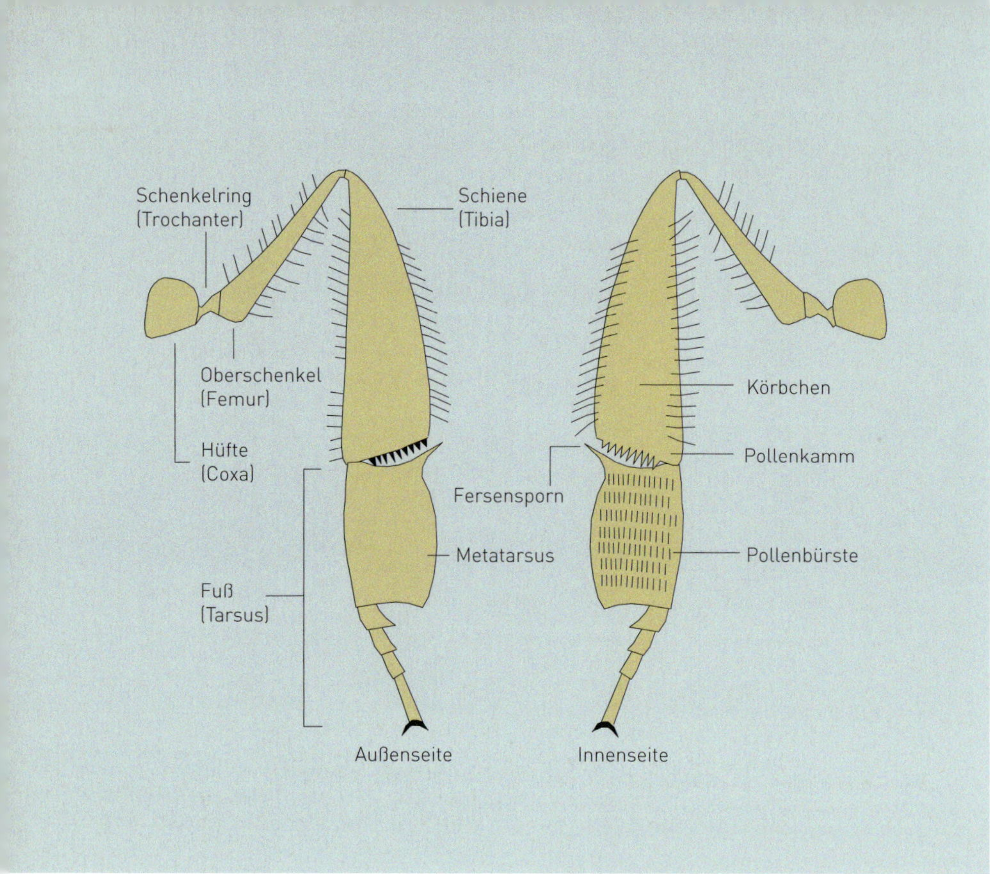

Zwei Seiten einer faszinierenden Technik: Werkzeugkasten Bienenbein

Pollen im Pelz: Die Erdhummel hat erfolgreich gesammelt.

Gar nicht so einfach

Bei der Wasser- und Windbestäubung erscheinen die Abläufe klar und einfach durchschaubar: Das abiotische Transportmedium verschleppt den Pollen und lädt ihn bestenfalls irgendwo völlig unplanmäßig auf einer passenden Narbe ab. Der Bestäubungserfolg ist in erster Linie eine Frage der genügend großen Zahl und somit der Statistik. Wenn wolkenweise Pollenkörner unterwegs sind, wird es schon irgendwie klappen. Die oben vorgenommene rechnerische Betrachtung der Pollenproduktion und deren Reichweiten geben dieser Vermutung durchaus Recht.

Wenn allerdings Tiere als Transportunternehmen beteiligt sind, nimmt die Sache eher den Charakter einer gelenkten Zustellung an. Damit auch hier der Erfolg sicher ist, vollzieht sich eine perfekte Inszenierung mit zwei Hauptakten und mehreren kleinen, aber unentbehrlichen Zwischenszenen. Schon der erste Akt ist entscheidend: Gleich zu Beginn muss nämlich der blütenbesuchende Bestäuber seinerseits bestäubt werden.

Akt 1 der Doppelbestäubung hat auch bei der Honigbiene erkennbar funktioniert.

Das gesamte architektonische Inventar einer Blüte muss so beschaffen sein, dass fast zwangsläufig eine effektive Pollenbeladung des Blütenbesuchers erfolgt. Die Details dazu schauen wir uns weiter unten an.

Zur Besucherbestäubung gehört aber notwendigerweise auch, dass die Pollenkörner an ihrem Spediteur haften. Der Pollen biotisch bestäubter Blütenpflanzen hat glücklicherweise eine entsprechende Oberflächenausrüstung, die den hydro- und anemophilen Arten weitgehend oder überhaupt fehlt: Die einzelnen Pollenkörner sind durch ihren etwas öligen Pollenkitt ziemlich klebrig. Pollen windblütiger Arten ist, wie das Lupenbild zeigt, eher staubtrocken und lässt sich leicht wegpusten. Vor allem der Klebepollen der zoophilen Arten bildet daher kleine, anhängliche Klumpen. Wer je mit einer weißen Jeans durch eine blühende Löwenzahnwiese schritt, hatte anschließend den Beweis dafür direkt vor Augen.

Andererseits müssen auch die tierischen Pollenkuriere bestimmte strukturelle Voraussetzungen erfüllen. In aller Regel sind sie fein behaart. Die so häufigen Ameisen sind vor allem deswegen nicht in dieser Branche aktiv, weil sie zu wenig behaart sind – sie sind sozusagen die Skinheads unter den Insekten. Außerdem laufen sie fast immer nur bodennah herum. Damit sind ihre Aktionsradien zu gering.

Nun müssen die Hafteigenschaften der Pollenkörner natürlich garantieren, dass sie nach Beladung eines flugfähigen Bestäubten auf der anschließenden und eventuell etwas weiteren Flugstrecke auch tatsächlich am fliegenden Tier verbleiben. Immerhin: Eine Biene erreicht im Streckenflug eine Geschwindigkeit bis zu dreißig Kilometer pro Stunde, und da zieht es ganz schön. Außerdem vibriert der Insektenkörper bei etwa 200 Flügelschlägen je Sekunde doch ziemlich heftig. Das alles darf die Pollenkörner nun nicht so stark erschüttern, dass sie großenteils herunterfallen und verloren gehen, weil sonst in der Zielblüte nichts mehr ankommt.

Damit sind aber noch nicht alle technischen Probleme gelöst. In der nächsten aufgesuchten Blüte müssen sich die vom Besucher mitgebrachten Pollenkörner sozusagen als «Gesellschaft mit beschränkter Haftung» erweisen – und am viskosen Narbensekret deutlich besser kleben bleiben als am aktiven Pollentransporteur. Sonst 2wird es nämlich wieder nichts mit der eigentlichen Bestäubung, dem entscheidenden zweiten Akt der Gesamtinszenierung. Alle tiervermittelten Pollenübertragungen funktionieren nur nach dem Prinzip einer Doppelbestäubung. ((Grafik 35)) Während der Koevolution von Bestäubern und Bestäubten mussten daher, wie schon allein die kurze Betrachtung der pflanzlichen Klebetechnologie zeigt, zahlreiche Optimierungsschritte fixiert werden. Die Natur hat das bewundernswert hinbekommen, wie der enorme Erfolg der zoophilen Arten belegt. Viele Einzelheiten der beteiligten Klebstoffchemie sind übrigens noch wenig erforscht. Die für die Industrie arbeitenden Polymerenchemiker könnten hier vermutlich noch manche aufregende Anregung entnehmen.

Die biotische Bestäubung erledigt den Pollentransport mit tierischen Vektoren und funktioniert nur als Doppelbestäubung.

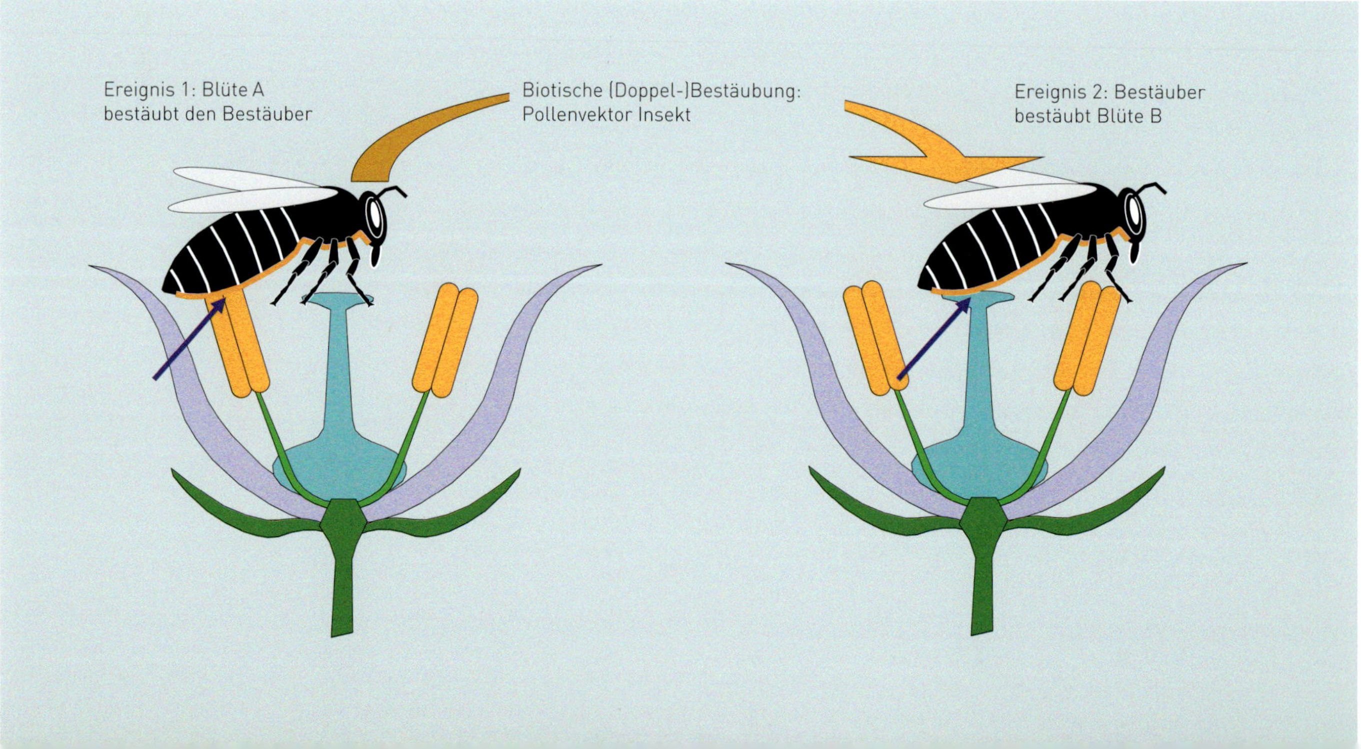

Ein Blick auf die Gästeliste

Es ist ein faszinierendes Phänomen, dass und wie die Blütenpflanzen es spätestens seit der Kreidezeit schafften, für ihre ureigensten egoistischen Zwecke bestimmte Tiere als Pollenkuriere zu verpflichten. Das setzt einerseits viele durch Evolution fortlaufend optimierte Anpassungen bei allen Beteiligten voraus. Über das Ausmaß der jeweiligen Passungen, die geradezu partnerschaftlich funktionieren, kann man tatsächlich nur staunen. Auch die folgenden Kapitel werden dazu mancherlei buchstäblich Bemerkenswertes beisteuern. Werfen wir jetzt, nachdem die Basisbefunde zur Bestäubung auf der Blütenseite geklärt sind, einen orientierenden Blick auf deren Besucherliste(n).

In Europa rekrutieren sich die in den Bestäubungsablauf fest einbezogenen Besucher ausschließlich aus nur vier Ordnungen der Insekten – nämlich Vertreter der Hautflügler (Hymenoptera), Zweiflügler (Diptera), Schmetterlinge (Lepidoptera) und Käfer (Coleoptera). Paul Knuth, einer der Pioniere der Blütenbiologie im späten 19. Jahrhundert, hält in seinem 1898 erschienenen Handbuch minutiös ermittelte Zahlen bereit: Danach stellen die Hautflügler rund 48 Prozent der Blütenbestäuber. Auf die Fliegen entfallen 27 Prozent, auf die Käfer 15 Prozent und die Schmetterlinge nur zehn Prozent. Bei den Hautflüglern sind es vor allem die Honigbiene, etliche Arten Solitärbienen und die rund fünfzig Arten heimischer Hummeln. Die zu dieser Ordnung gehörenden Ameisen sind als überwiegend laufende Bodentiere für den Pollentransport wenig geeignet – sie fallen, wenn sie sich in Blüten zu schaffen machen, eher in die Tätergruppe «Nektardiebe».

Auch wenn es so aussieht: Blüten oder Blütenstände provozieren nicht den Untergang ihrer Besucher.

Unter den Zweiflüglern finden sich auch Blütenbesucher vom Aussehen der Stubenfliegen, aber vor allem die über 300 Arten Schwebfliegen (Syrphidae) und die rund hundert Arten Wollschweber (Bombycilidae). Beide Gruppen stellen exzellente Flugkünstler, die im Schwirrflug vor den Blüteneingängen verharren und mit ihren langen Rüsseln den Nektar aufsaugen. Während die erwachsenen Tiere sich nur in Blüten verköstigen, leben ihre Larven parasitisch an Eiern und Jugendstadien anderer Insekten.

Die Käfer sind zwar eventuell individuenreich, aber nur mit Arten aus wenigen Familien als Bestäuber zu sehen, darunter vor allem die Weichkäfer (Cantharidae), Buntkäfer (Cleridae) und Prachtkäfer (Buprestidae). Von ganz wenigen Ausnahmen abgesehen sind sämtliche heimischen Tag- und Nachtfalter als erwachsene Tiere auf Blütenbeköstigung angewiesen. Umso erstaunlicher ist, dass sie nur einen relativ kleinen Prozentanteil der Routinebestäuber stellen und in der Häufigkeitsrangliste den letzten Platz einnehmen. Das liegt eben an der beachtlichen Dominanz der Hautflügler.

In subtropischen und vor allem tropischen Breiten ist die Blütenbestäubung auch ein Betätigungsfeld von Vögeln. In der Alten Welt (Nord- und Südamerika) sind es die

Der Eindruck täuscht – Schnecken sind keine planmäßigen Blütenbesucher. Sie flüchten sich hierher nur vor der Hitze direkt am Boden.

Auch die eigenartigen Blüten der südafrikanischen *Protea*-Arten werden überwiegend von Vögeln bestäubt.

rund 330 Arten Kolibris (Trochilidae). Im extrem energieaufwändigen Schwirrflug, bei dem die Flügelspitzen eine liegende Acht beschreiben, stehen sie vor den Blüten und vertiefen ihre lange Zunge in die Nektarvorräte. Die Kolibrizunge ist am Ende ausgefranst, geht nach oben in eine schmale Rinne über und rollt sich dann von den Rändern her wie ein Trinkhalm zusammen. In der Neuen Welt (Südafrika, Südasien, Australien) übernehmen die 120 Arten der Nektarvögel (Nectariniidae) die Aufgabe der Blütenbestäubung. Sie können zwar flügelschlagend vor den Blüten stehen, beherrschen aber nicht den Schwirrflug der Kolibris. Oft nehmen sie den Nektar sogar sitzend auf. In der

Fledermaus-Bestäubung ist fast immer eine nächtliche Angelegenheit.

pazifischen Inselwelt und in Neuseeland werden sie meist von den Honigfressern (Meliphagidae) vertreten. Weitere Vogelfamilien mit Nektar nutzenden Arten sind die Brillenvögel (Zosteropidae), Pinselzüngler (Trichoglossidae), Blütenpicker (Dicaeidae), Zuckervögel (Coerebidae) und Kleidervögel (Drepanidae).

Auftragungsort des Pollens ist meist die Kopfplatte oder das Brustgefieder. Bei vielen Arten bleiben die Pollenkörner auch an der feinen Befiederung des Schnabelgrundes haften. In diesen Fällen ist der Pollen interessanterweise oft bräunlich wie der Schnabel – so fällt er nämlich den Vogelaugen am wenigstens auf und wird nicht irgendwo außerhalb des Zielorgans Blüte abgewischt.

Sogar unter den Säugetieren gibt es planmäßige Blütenbesucher, die natürlich auch Bestäuberfunktionen erfüllen. In den Tropen und Subtropen der Alten Welt sind es die rund sechzig Arten Flughunde (Megachiroptera), die allerdings auch sehr klein sein können. Nur in den Tropen der Neuen Welt sind rund neunzig Arten der Fledermäuse (Microchiroptera) als Blütenbesucher aktiv, obwohl diese Ordnung weltweit vertreten ist. Meist beuten die Flughunde und Fledermäuse das Nahrungsangebot der aufgesuchten Blüten sitzend aus. Vor allem die kleineren Arten können aber auch im Rüttelflug vor den Blüten stehen. Ihre meist sehr lange Zunge – bei manchen Arten ist sie sogar so lang, dass sie S-förmig eingerollt in der Mundhöhle getragen wird – trägt an der Spitze Papillen, die den Nektar festhalten. Durch Züngeln und Ablutschen wird er aufgenommen.

Vertreter der übrigen Säugetierordnungen sind als planmäßige Blütenbestäuber eher von untergeordneter Bedeutung. Unter den Beuteltieren gibt es einige solche Nahrungsspezialisten, und auch einzeln Nagetiere (Streifenhörnchen) erledigen schon einmal einen Pollenkurierdienst. Den Rest der Säugetierfauna kann man eher als Zufallsbestäuber verbuchen, darunter den Indischen Elefanten, der erwiesenermaßen aus dem Blütenstand der Titanenwurz trinkt und dabei eventuell Pollen verschleppt.

Kolibri-Bestäubung: Nicht immer müssen die Tiere im Schwirrflug vor der Blüte stehen. Manche Blumen bieten ihnen eine praktische Sitzstange.

6 Freundschaft mit Folgen

Vorhergehende Doppelseite:
«Futter gegen Bestäubung»
ist die Geschäftsbasis
von Blüten und Bestäubern:
Hainschwebfliegen *(Episyrphus balteatus)* auf der Wegwarte *(Cichorium intybus)*.

Blüten und Blütenstände
sind immer auch ein Ort
interessanter Begegnungen.

Sämtliche Ökosysteme können nur dadurch funktionieren, dass am Beginn einer Nahrungskette jeweils ein Primärproduzent steht, von dem die nachgeschalteten Konsumenten unmittelbar oder mittelbar abhängen, weil sie die vorproduzierte Biomasse nutzen müssen. Dieses an sich recht übersichtliche Organigramm weist den grünen Pflanzen (oder anderen fotosynthetisch aktiven Lebewesen) damit eine klare, aber auch etwas undankbare Rolle zu: Sie liefern durchaus verlustreich das Futter für alle tierischen und sonstigen Mitglieder einer Lebensgemeinschaft, von der schreddernden Raupe bis zum wiederkäuenden Rind. Auch vor den Blüten machen die hungrigen Mäuler keineswegs Halt. «Wenn das Schaf die Blume frisst, ist das für ihn, als ob ganz plötzlich alle Sterne verlöschen», stellt Antoine de Saint-Exupéry (1900–1944) im «Kleinen Prinzen» (1943) betrübt fest. Es geht jedoch auch weniger dramatisch: Insekten nutzen die besuchten Blüten bewundernswert nachhaltig als Nahrungsquelle und berauben die Pflanzen keineswegs ihrer Reproduktionseinrichtungen.

Gerade diese besondere Ressourcenfunktion ist das Schlüsselphänomen zum Verständnis des ungemein spannenden Beziehungsgeflechtes Blüte – Besucher beziehungsweise Bestäuber, wobei man sich allerdings vor allzu vermenschlichenden oder sonst wie vereinfachenden Bewertungen hüten muss. Blütenbesuchende Tiere kommen nicht primär zu Glockenblumen, Lichtnelken oder Löwenzahn, um dort die eventuell mitgebrachten Pollenkörner abzulegen und damit die Bestäubung zu vollziehen. Ihr Kurierdienst hat absolut keine caritative Note, sondern erklärt sich strikt aus einem ganz vordergründigen Sachzwang: Sie suchen die Blüten nur auf, weil es dort etwas für sie zu konsumieren gibt. Die synchron mit vollzogene Pollenkornzustellung mag man daher eher zwischen zufälligem Randeffekt und unvermeidlicher Zugabe einordnen. Mit «Futter und Bestäubung» könnte man die Beziehung aus tierischer Sicht betiteln. «Futter gegen Bestäubung» wäre dagegen die pflanzliche Perspektive. Die Zoophilie, die Freundschaft mit Tieren, wie sie auch der in der blütenökologischen Fachliteratur gerne verwendete Terminus betont, erscheint auf diesem Hintergrund leicht poetisch vernebelt – ganz gleichgültig, wer auf der Gästeliste steht.

Die Blütenbestäubung durch Tiere vollzieht sich völlig cool und leidenschaftslos – aber dennoch bewundernswert. Tatsächlich ist es außerordentlich faszinierend zu untersuchen und damit wiederum so manches Blüten-Geheimnis zu lüften, wie das vordergründig auf Nahrungserwerb gerichtete Besucherinteresse mit den biologischen Erfordernissen einer effizienten Pollenübertragung gekoppelt ist. Tiere suchen und sehen Blüten, fallen geradezu über sie her, beuten sie bis zum Letzten aus und erledigen dabei die Bestäubung gleichsam ganz en passant. Im Detail sind die Abläufe jedoch nicht ganz so technisch schnöde, und schon allein deswegen ist es gleichermaßen verlockend und aussichtsreich, die vielen kleinen Angepasstheiten und Tricks zu durchschauen, die das Geheimnis so mancher Blüte ausmachen.

Klatsch-Mohn *(Papaver rhoeas)* ist eine klassische Pollenblume – außer Knabberzeug ist hier nichts zu holen.

Nahrhaftes Knabberzeug

Obwohl eine Blüte nur aus funktionsspezialisierten Blättern besteht und damit in ihrem überschaubaren Maßstab betrachtet einen saftigen Weidegrund darstellen könnte, kommt es so gut wie nie vor, dass Kleintiere zu Besuch kommen, planmäßig nur die Blattorgane der Blütenhülle anknabbern und sich nach diesem vegetarischen Kurzmenü wieder davon machen. Das Nahrungsangebot an die tierischen Gäste ist gänzlich anderer Natur und ohne Parallele zu den sonstigen Material- und Energieflüssen in den Ökosystemen.

Die männlichen Blüten(stände) der Sal-Weide *(Salix caprea)* bestehen nur aus den langstieligen Staubblättern. Sie stellen klassische Pollenblumen dar.

Die weiblichen Blütenstände der Sal-Weide *(Salix caprea)* sind völlig schmucklos. Sie werden dennoch angeflogen, weil sie Nektar anbieten.

Erstaunlicherweise setzen die Blüten ihren Besuchern als willkommene Kost exakt diejenigen Funktionsträger vor, die aufwändig und stationenreich für die Einleitung des Fortpflanzungsgeschäftes entwickelt wurden – nämlich Pollenkörner. Der biologische Auftrag des Pollens ist es, nach erfolgreicher Landung auf der Narbe einer möglichst weit entfernten artgleichen Blüte durch deren Griffelkanal einen Pollenschlauch abzuteufen, der unten in der Samenanlage die beiden männlichen Gameten(kerne) versenkt und einen davon per Verschmelzung mit dem Eizellkern die Befruchtung vollziehen zu lassen. Wenn die Pollenkörner jedoch zuvor in die Nahrungskette abgezweigt werden, sind sie für diese generative Ereignisfolge verloren. Also auch hier Verschwendung?

Nun zeigen bereits die zahlreichen Windblütigen, die wie sämtliche Nacktsamer primär auf diese scheinbar etwas unzuverlässige Versandroute eingerichtet sind oder wie etliche Verwandtschaftsgruppen der Bedecktsamer sekundär dazu zurückgefunden haben, dass Bestäubungserfolge nur durch Massenhaftigkeit zu erzielen sind. Vergleichbares zeigen auch diejenigen Pflanzenarten, die sich an ihre Besucher mit einem ausgeprägten Pollenangebot richten: Typische Pollenblumen zeichnen sich durch eine auffällig hohe Staubblattanzahl aus und lassen demnach eine entsprechend hohe Pollenproduktion erwarten. Rekordhalter unter den daraufhin genauer untersuchten Spezies sind die Mohnarten (*Papaver* spp.) mit rund 2,5 Millionen Pollenkörner je Blüte sowie die Pfingstrosen (*Paeonia* spp.) mit sogar mehr als drei Millionen Mikrosporen. Andere

Beispiele, die schon allein mit ihren dichten Staubblattgebüschen auffallen, finden sich vor allem unter den Vertretern der Hahnenfuß- und der Rosengewächse. Ihre Pollenzahlen stehen dem Massenangebot von Mohn und Päonien sicherlich kaum nach. Bei diesen Pollenmengen ist schon allein aus statistischen Gründen zu erwarten, dass für die Bestäubung immer noch eine genügend große Anzahl Pollenkörner verbleibt, selbst wenn die tierischen Besucher den sicherlich größten Teil konsumiert haben sollten. Übrigens: So ganz allein stehen die Pollenblumen mit ihrer dimensionsverschiedenen Eizell-Pollenkorn-Relation nicht da. Bei den Säugetieren (inklusive Mensch) ist das Zahlenverhältnis zwischen Eizelle und losgeschickten Spermatozoiden auch nicht gerade ausgewogen.

Diätetisch betrachtet stellen die Pollen eine bemerkenswert wertvolle Kost dar. Sie enthalten – bei größeren arttypischen Schwankungen je nach Pollenherkunft – nur relativ wenig Fette (bis etwa zehn Prozent), mäßige Mengen an langkettigen (bis zu sieben Prozent) und niedermolekularen Kohlenhydraten (unter zehn Prozent), aber dafür reichlich Protein (bis über dreißig Prozent) und natürlich eine Menge essenzieller Spurenelemente (bis etwa neun Prozent). Ernährungsberater, die sich um übergewichtige Fehlernährte sorgen, müssten von einer solchen Nährstoffverteilung begeistert sein.

Das Problem der Pollenkörner ist somit sicherlich nicht ihr interessanter Inhalt, sondern eher die erstaunlich widerstandsfähige Pollenkornwand. Die Sporopollenine, aus denen sie aufgebaut ist, gehören zu den resistentesten Naturstoffen überhaupt. Nicht einmal Bakterien, die sonst die gesamte Palette organischer Stoffe angreifen und restlos zersetzen, können sie abbauen. Nur deshalb überdauern zumindest die Hüllen der Pollenkörner nahezu unbeschadet die Jahrtausende in Torflagern und sogar etliche

Rosenkäfer *(Cetonia aurata)* beuten das reiche Pollenangebot nicht nur von Vertretern der Rosengewächse aus.

Pinselkäfer *(Trichius fasciatus)* sind relativ häufige Gäste auf Blüten. Auf der besuchten Blüte des Sumpf-Blutauges *(Comarum palustre)* geht er aber leer aus, denn hier gibt es nur Nektar.

Die Schwebfliegen sind in der Mohnblüte nicht gut beraten, denn sie bietet keinen Nektar an. Die kleinen schwarzen Käfer kommen als Pollenkauer hier eher zurecht.

Jahrmillionen in Bernstein oder Festgestein. Tiere, die Pollenkörner als Nahrung einsammeln, müssen diese rigoros zerbeißen. Für Bienen, Hummeln und andere Hautflügler sowie für Käfer ist das kein Problem, denn sie sind mit kräftigen kauend-beißenden Mundwerkzeugen ausgestattet und können damit auch die Sporopollenin-Festungen mühelos zermalmen. Ausnahmsweise können das auch Schmetterlinge: Urmotten der Art *Micropteryx calthella* finden sich im Frühjahr gerne auf der Sumpfdotterblume *(Caltha palustris)* ein und ernten deren Pollenspende ab.

Borsten, Bürsten, Fegewerkzeug

Für die Pollen sammelnden Insekten vernimmt man gewöhnlich die Bezeichnungen Blütenbesucher oder gar Blütengäste. Diese sehr höfliche Begriffswahl ist sicherlich eine vornehm-distanzierte Beschreibung, gibt aber die wirklichen Szenarien nicht unbedingt zutreffend wieder: Käfer und Bienen sowie Hummeln sind große, recht kräftige Insekten und führen sich in einer besuchten, besser heimgesuchten, Blüte mindestens so rabiat auf wie ein Elefant im Porzellanladen. Überall drängen sie hin, quetschen sich in die engsten Winkel, erregen allseitig heftigen Anstoß, erschüttern beim eiligen Herumtrampeln sämtliche Staubblätter und beißen außerdem diejenigen Antheren an, die sich noch nicht geöffnet haben. So führen sie sich insgesamt nicht gerade auf wie zurückhaltende Gäste, sondern wie marodierende Plünderer. Erstaunlicherweise nehmen die Blüten diese heftige Kundschaft eher gelassen hin. Ihre Bauteile sind bei aller Zartheit zumeist hinreichend stabil und flexibel, und so hinterlassen selbst ausgesprochene Poltertrupps kein verwüstetes Trümmerfeld. Bei manchen Blüten sind die Spuren vorangegangener Besuche allerdings doch zu sehen: Die spitzen Fußendglieder, mit denen sich die Besucher in die Blütenkronen einkrallen, hinterlassen dort kleine Kratzer oder sogar Löcher, und die verfärben sich verräterisch bräunlich wie ein angebissener Apfel, weil auch ein besonderes Enzym (Phenoloxidase) sofort in Aktion tritt.

Nach dem Aufenthalt in einer Pollenblume sehen Bienen und Hummeln fast so aus, als seien sie in eine gelbe Mehltüte gefallen – über und über an fast allen Körperpartien eingepudert. Für die Pollenübertragung in die nächste besuchte Blüte ist das natürlich eine glückliche Fügung. Bei den betreffenden Tieren steht jedoch ausschließlich das Einsammeln von Nahrung im Vordergrund. Daher müssen jetzt Mechanismen greifen, mit denen sie die über das Haarkleid verteilten Pollenkörner einsammeln und konzentrieren können. Das seit Jahrtausenden geschätzte Haustier Honigbiene (*Apis mellifica* = die Honigmacherin, manchmal auch *A. mellifera* = Honigträgerin genannt) ist ein auch daraufhin ausgiebig bis ins Detail untersuchtes Beispiel und mag die nunmehr einsetzenden Verrichtungen verstehen helfen. Direkt beobachten kann man sie beim genaueren Hinsehen sehr schön bei Bienen, die in und an einer blühenden Sal-Weide *(Salix caprea)* unterwegs sind. Die Pollenaufladung auf der Behaarung nahezu aller Körperpartien erfolgt nahezu automatisch, weil die Tiere alle erreichbaren Staubblätter eines männlichen Blütenstandes anrempeln. Den anschließenden Reinigungsjob erledigen sie im Flug zwischen zwei Blütenbesuchen. Im Einsatz sind jetzt vor allem die Bienenbeine, die jeweils komplette Werkzeugkästen darstellen. Das erste der fünf Fußglieder

Das Angebot ist offenbar zu verlockend: Die Honigbiene *(Apis mellifera)* sammelt in der Krokusblüte die schon auf der Narbe deponierten Pollenkörner ein. Die Ernte war erfolgreich – sie hat bereits ein größeres Höschen auf dem Hinterbein angelegt.

(Metatarsus) eines Bienenbeines – bei Hummeln liegen die Verhältnisse ganz ähnlich – ist auffällig vergrößert und trägt auf seiner Innenseite mehrere Borstenreihen, die zusammen eine Bürste bilden. Die Bürsten der beiden vorderen Beinpaare fegen den Pollen aus dem Pelz vom Kopfbereich und aus dem Brustabschnitt zusammen, die beiden Hinterbeine kümmern sich um die Pollebeladung auf dem Abdomen. Vorderes und mittleres Beinpaar geben ihre Ausbeute nach hinten weiter. Die von den Bürstenhaaren zusammengefegten Pollenkörner nimmt jeweils ein am unteren Ende des Unterschenkels (Tibia) angebrachter Borstenkamm ab. Das ist nur kreuzweise möglich: Der Kamm des rechten Beines befreit die Bürste auf der linken Innenseite und umgekehrt. Der am Metatarsus angebrachte Fersensporn schiebt die jetzt versammelte und stärker verdichtete Pollenmasse auf die Außenseite des Hinterbein-Unterschenkels, und dort formt sich bei weiterem Pollennachschub bis zur Fassungsgrenze das Höschen, wie Imker die außen auf den Hinterbeinen aufgeladene und durch Randborsten gesicherte Pollenernte nennen. Außerdem drücken die Bienen (und Hummeln) die Pollenkörner kräftig zusammen und feuchten sie durch ausgewürgten Nektar auch noch zusätzlich an, damit sie auf jeden Fall den eventuell längeren Luftweg überstehen. Pollenhöschen

sehen daher im Lupenbild immer auffallend glänzend aus, obwohl die Pollenkörner selbst matt sind. Im Stock nehmen die mittleren Beine den Pollenklumpen ab. Jedes Höschen kann bis zu zehn Milligramm wiegen und rund eine Million Pollenkörner enthalten. Absolut topclean sind die Bienen nach dem Ausbürsten des Pollens jedoch nicht. Überall hängen noch einzelne Pollenkörner im Pelz, und genau diese Fraktion der dem Fegeprozess entgangenen stellt die richtige Dosis für die Bestäubung der aufgesuchten Blüten.

Bei der Rückkehr von einer Salweide- oder Rapstracht sind die Höschen wie bei den meisten sonstigen Pollentrachten knallgelb. Nach dem Besuch von Apfelblüten erscheinen sie eher rötlich, bei der Rückkehr aus einem Mohnfeld tiefschwarz, nach ausgiebigem Sammeln auf der Wegwarte weiß. Weiß-Klee *(Trifolium repens)* liefert bräunlichen Pollen, Büschelschön *(Phacelia tanacetifolia)* eher bläulichen und Mädesüß *(Filipendula ulmaria)* grünlichen. Übrigens besuchen Bienen auch ausgiebig die männlichen Kätzchen von Hasel *(Corylus avellana)* und Weiß-Birke *(Betula pedula)*, obwohl diese Gehölzarten definitiv windblütig sind. Im Frühjahr zum Saisonstart gehören sie zu den besonders wichtigen Futterlieferanten der Hautflügler.

Auch die Dunkle Erdhummel *(Bombus terrestris)* legt für den Pollentransport zum Nest Höschen auf den Hinterbeinen an.

In Berberitzenblüten (z. B. *Berberis thunbergii*) klappen die Staubblätter bei Berührung an der Basis schlagartig nach innen und beladen den Besucher mit Pollen.

Von Puderquasten und Staubpumpen

Bienen und Hummeln sind in den Pollen liefernden Blüten meist so rasch zu Gange, dass man die Einzelheiten der Pollenaufladung gar nicht genau verfolgen kann. Oft vollzieht sich die Übergabe der Pollenkörner passiv: Die Tiere streifen an den weit geöffneten Antheren entlang, und an ihrer wollige Behaarung bleibt der Pollen aufgrund seiner besonderen Klebrigkeit portionsweise hängen.

Zu diesem Übergabemodell bestehen bemerkenswerte Alternativen, welche die aktive Mithilfe der Pflanzen einschließen. Als eines der Beispiele wählen wir die Berberitzen (*Berberis* spp.) oder die nah verwandte Mahonie *(Mahonia aquifolium)*. Die Filamente der – was nicht so recht in den üblichen Blütenbauplan einer Zweikeimblättrigen passt – insgesamt sechs Staubblätter sind an der Basis reizbar: Berührt ein Blütenbesucher sie, weil er die am Blütengrund angebotene Nektarmenge ausbeuten will, klappen sie schlagartig nach innen und reiben ihm dabei eine gehörige Pollenportion in den Pelz. Dieses Bewegungsmanöver – es gehört zu den raschesten im Pflanzenreich – lässt sich leicht mit einer Nadel auslösen. Wenige Minuten später sind die Staubblätter in ihre Ausgangsposition zurückgekehrt (Abb. oben).

Reizbare Staubblattfilamente finden sich auch bei den Zistrosengewächsen, bei den Zistrosen (*Cistus* spp.) und vor allem bei den heimischen Sonnenröschen (*Helianthemum* spp.). Hier stehen die gewöhnlich zahlreichen Staubblätter als dichtes Büschel zusammen. Berührt sie ein Insekt (oder der Experimentator) an der Basis, breiten sie sich sofort zum weit geöffneten Strauß aus. Bei diesem Bewegungsablauf fahren sie dem Blütenbesucher wie Puderquasten über den Kopf und hinterlassen dort jede Menge Pollenkörner.

Mit erstaunlichen Auftragungshilfen überraschen die meisten Vertreter der Schmetterlingsblütengewächse. Beim Besenginster *(Cytisus scoparius)* sind die Filamente der zehn Staubblätter in der noch unbesuchten Blüte spiralig aufgerollt und stehen demnach unter Spannung wie eine aufgezogene Uhrfeder. Drückt eine landende Hummel die beiden Kronblätter des Schiffchens herunter, entlädt sich das Ensemble augenblicklich: Der Besucher bekommt einen kräftigen Kinnhaken und trägt anschließend ein paar Hundert Pollenkörner davon. Bei der Lupine *(Lupinus polyphyllus)* ist die Schiffchenspitze wie eine Nudelteigspritze geformt. Die Antheren entleeren dorthin ihre Pollenproduktion. Wenn sich besuchende Hautflügler darauf niederlassen, wird ihnen eine gehörige Pollendosis direkt auf die Bauchflanke gerieben. Ähnlich funktionieren auch die Blüten des Wiesen-Hornklees *(Lotus corniculatus)*.

Wirklich einzigartig ist die Pollenbeladungstechnik des heimischen Wiesen-Salbeis *(Salvia pratensis)*, die so bei den anderen *Salvia*-Arten nicht vorkommt. Die Blüten weisen nur zwei Staubblätter auf, deren Filamente an der Basis jedoch gelenkig mit dem Blütenboden verbunden sind und eine nach vorne gerichtete Platte aufweisen. Diese arbeitet wie der Trethebel eines Abfallbehälters: Stößt das besuchende Insekt mit dem Kopf dagegen, fahren von oben durch Hebelwirkung die beiden Antheren auf seinen Rücken und hinterlassen dort einen rundlichen gelben Fleck als Stempelaufdruck mit Pollen.

Bei manchen Arten entspricht dem eine raffinierte Narbenreaktion: Bei den Gauklerblumen (*Mimulus* spp.) überragt die zweilappige Narbe weit den Blüteneingang. Sobald ein pollenbeladener Besucher eintrifft, berührt er als erstes diese beiden Lappen, und die klappen augenblicklich zusammen wie ein zuschnappendes Schlangenmaul. Da sollte es nicht wundern, wenn sie auch jedes Mal etwas vom mitgebrachten Pollen wegschnappen.

In den Blüten des Besenginsters *(Cytisus scoparius)* liegen die langstieligen Staubblätter gespannt wie eine Uhrfeder. Sobald ein Besucher die Blüte öffnet, schnellen sie heraus und pudern ihn ein.

Perfektes Ballett: Die Weinraute *(Ruta graveolens)* positioniert ihre jeweils geöffneten Staubblätter in der Blütenmitte und damit im Aktionsbereich der Besucher – ein typischer Fall primärer Pollenpräsentation.

In der ersten Reihe sitzen

Den Normalfall haben wir soeben kennen gelernt. Ein Pollen sammelndes Insekt landet auf einer Blüte, vertieft sich in deren Angebotslage und sammelt zielgerichtet die eventuell reichlich vorhandenen Pollenkörner ein – nämlich an den geöffneten Antheren. In der Blütenbiologie bezeichnet man diese Art der Offerte als primäre Pollenpräsentation, denn das Sammelgut wird direkt an seinem Entstehungsort abgeholt. Wenn es dafür schon eigens einen Fachausdruck gibt, muss man wohl mit einer alternativen Möglichkeit rechnen. Die gibt es, und die nennt man folgerichtig sekundäre Pollenpräsentation. Erstaunlicherweise sind einige Verwandtschaftsgruppen unter den Blütenpflanzen dazu übergegangen, ihren Pollen fernab der Staubbeutel für den Besucher resp. Bestäuber bereit zu halten. Das funktioniert fast immer so, wie man besonders deutlich an den Glockenblumen (*Campanula* spp.) Die Staubbeutel stehen eng ringförmig als Zylinder zusammen und öffnen sich nach innen. Von unten durchwächst der anfangs noch sehr kurze Griffel mit fest verschlossenen Narbenlappen den Antherenzylinder und nimmt

Die Glockenblumen (*Campanula* spp.) praktizieren sekundäre Pollenpräsentation: Ihr Pollen sitzt am Griffel, bis die Narbe sich allmählich öffnet.

die Pollenkörner mit seinen handfegerartig schräg aufwärts gerichteten Haaren mit. Zuletzt liegen die ausgefegten Staubbeutel als nutzlose Hüllen schlaff am Blütenboden, die gesamte Pollenmasse hat außen am Griffel Posten bezogen und wird nur hier vom Besucher abgestreift. Eine Selbstbestäubung ist bei diesem kritischen Ablauf ausgeschlossen, weil die belegbaren Flanken der Narbenzipfel noch nicht aktionsbereit sind. Sie öffnen sich erst ein paar Tage später, wenn der Pollen der eigenen Blüte abgesammelt ist.

Vergleichbare Verhältnisse finden sich bei allen Vertretern der Korbblütengewächse. Vor allem bei den Flockenblumen (*Centaurea* spp.) mit ihren vergleichsweise großen Blütenständen sind die Detailabläufe per Lupe sehr schön zu verfolgen.

Sekundäre Pollenpräsentation bei den Korbblütengewächsen: Bürstenmechanismus bei den röhrenblütigen Arten (oben), Pumpmechanismus bei den zungenblütigen (unten).

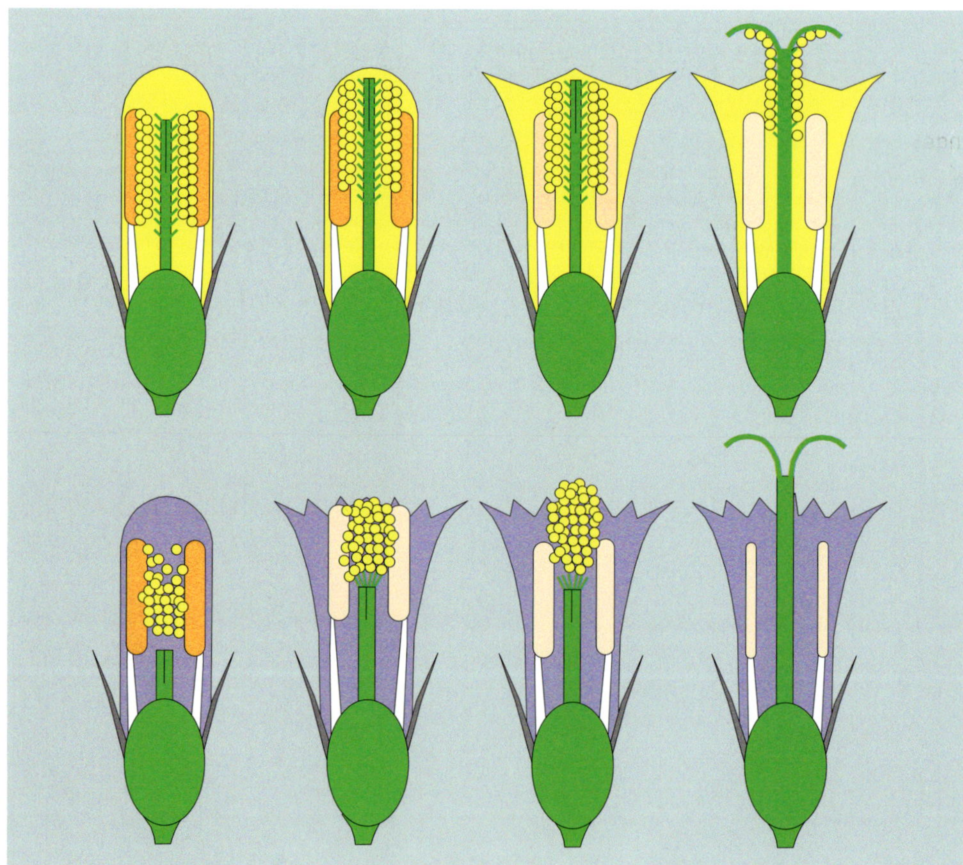

Erschütternde Szenen

Pflanzen kommen demnach ihren Besuchern mit raffinierten Pollenauflademechanismen entgegen. Andererseits setzen auch die Blütenbesucher recht ausgefallene Verfahren ein, um eine gehörige Pollenladung abzubekommen – leicht zu beobachten, besser zu hören, bei den heimischen Hummeln. Nicht selten verraten sie sich auf oder in den Blüten durch heftiges Summen in hochfrequenten Tönen. Sofort vermutet man, dass der Blütenbesucher in der Enge einer Krone in Panik geraten ist, aber der Sachverhalt liegt anders: Die Tiere erschüttern mit ihren Tönen die Antheren, sodass deren Pollenfüllung sich etwas bereitwilliger zum Ausgang begibt und auf den Besucher herabrieselt – sozusagen Gesang unter der Staubdusche. Die Töne erzeugen sie, indem sie – bei eng angelegten Flügeln – ihre indirekte Flugmuskulatur spielen lassen und heftig summen, ohne zu fliegen. Amerikanische Blütenbiologen haben für dieses eigenartige Verhalten den schönen Ausdruck *buzz pollination* geprägt. Unsere heimischen Hummeln beherrschen das perfekt, die Honigbiene allerdings nicht.

Eine noch wenig beachtete Möglichkeit der Pollenauftragung zeigen die Schmetterlinge: Hier funktioniert die Sache elektrostatisch. Pflanzen sind über ihre wasserführenden Blätter, Stängel und Wurzeln sozusagen von Natur aus geerdet beziehungsweise physikalisch gesehen auf Masse geschaltet. Schmetterlinge erzeugen, wie vermutlich alle Insekten, durch ihren Flügelschlag Reibungselektrizität, und sind demnach fliegende Kondensatoren. Landen sie auf einer Blüte, fliegen ihnen die Pollenkörner scharenweise entgegen. Ähnlich ergeht es uns, wenn wir mit den Kunststoffsohlen über den Teppich schlurfen und die metallene Türklinke anfassen. Dann fliegen nicht nur die Funken, sondern auch Tausende von Staubteilchen ...

Süße Verführung

Mit ihrem generösen Pollenangebot erinnern die von hungrigen Pollensammlern (im Fall der Bienen und Hummeln sind es jeweils weibliche Individuen) aufgesuchten Blüten irgendwie an Imbissbuden, an denen sich die Tiere preiswert mit Fast Food versorgen können. Das Grundnahrungsmittel Pollen ist dabei eher nichts Besonderes, weil er ohnehin zur Normalausstattung einer funktionstüchtigen Blüte gehört.

Die übliche Imbissbude bietet jedoch auch Flüssiges an. In vielen tierbestäubten Blüten verhält es sich genauso: Das Angebot an die tierischen Besucher umfasst nämlich auch hochkonzentrierte Zuckerlösungen, nur heißen die bei den Blüten nicht Cola oder Limo, sondern Nektar. Es ist der antike Name für die Speisung der Göttlichen auf dem Olymp. Nektar wird in den Blüten von besonderen Drüsen, den Nektarien, sezerniert. Sie sind allerdings nicht sein Entstehungsort, sondern nur die Übergabestation. Alle Bestandteile des Nektars stammen aus der Fotosynthese der grünen Laubblätter und werden über die Siebteile der Leitbündel an die Drüsenfelder transportiert und dort freigesetzt.

Art- beziehungsweise gattungsspezifisch verschieden sind Nektarien an fast allen Blütenorganen untergebracht. Soweit sie tatsächlich in den Blüten auftreten, bezeichnet man sie als (intra)florale Nektarien, um sie begrifflich von den extrafloralen Nektarien zu trennen, die an der Pflanze eine gänzlich andere Topografie aufweisen: Sie treten beispielsweise am Blattstiel-/Blattspreitenübergang der Kirschbäume (*Prunus* spp.) als kleine, je nach Art rötlich oder grün gefärbte knopfartige Gebilde auf, können aber auch Höckerreihen auf dem Blattstiel sein wie beim Wasser-Schneeball *(Viburnum opulus)* oder unauffällige Verdickungen an den Rändern gezähnter Laubblätter wie beim Birnbaum (*Pyrus communis)*. In fast allen Verwandtschaftsgruppen der Bedecktsamer sind Vertreter mit extrafloralen Nektarien entdeckt worden, sodass man sie nicht unbedingt als ungewöhnliches Ausstattungsmerkmal auffassen muss. Sogar bei manchen Farnpflanzen hat man sie gefunden, beispielsweise an den Wedeln des Adlerfarns *(Pteridium aquilinum)*. Ihre Funktion ist allerdings weitgehend unklar. Diffuse Ventileffekte für das Leitgewebesystem und insbesondere für das den gelösten Zucker aus der Fotosynthese der Blätter führende Phloem sind diskutiert worden oder auch osmoregulatorische Aufgaben. Eine klarere Funktionszuweisung überzeugt allenfalls in ökologischem Zusammenhang: Bei manchen *Acacia*-Arten der afrikanischen Savanne ernähren sich von den zuckerigen Ausscheidungen der Blattnektarien ziemlich aggressive Ameisen, die alle möglichen saugenden Parasiten von «ihrem» Baum fernhalten.

Extraflorale Nektarien am Blattstiel der Vogel-Kirsche *(Prunus avium)*

Ausflugslokal mit Tankstelle

Dunkler Moorbläuling auf seiner Tankstelle.

Nektarien sind demnach nichts Ungewöhnliches, aber bemerkenswert ist ihre Einbindung in das Funktionssyndrom Tierbestäubung. Mit ihrem verführerischen Zuckerangebot konnten sich die Blütenpflanzen auch solche Tiergruppen als Besucher erschließen, die sich wegen des besonderen Baus ihrer Mundwerkzeuge nur leckend und/oder saugend von flüssigem Hochprozentigem ernähren können. Das trifft unter anderem auf viele Zweiflügler (Diptera) und fast alle Schmetterlinge (Lepidoptera) zu. In tropischen Breiten gehören die überwiegend oder ausschließlich Nektar konsumierenden Vögel (Kolibris in der Neuen Welt, Nektarvögel in der Alten), ernährungsspezialisierte Fledermaus-Arten und die mausgroßen Honigbeutler Australiens dazu. Für die Flüssigkonsumenten bietet der Blütennektar ungefähr alles, was eben zu einer ausgewogenen Vollwertdiät gehört.

Früher nahm man an, Nektar enthalte ausschließlich gelöste Zucker, die ja ohne weiteres zu schmecken sind, wenn man beispielsweise eine Taubnesselblüte auslutscht. Erst relativ spät zeigte die genauere Analytik, dass darin auch jede Menge Aminosäuren enthalten sind, ferner Lipide und natürlich Spurenstoffe. Zucker stellen jedoch immer die Hauptkomponenten. Dünne Nektare mit einem Zuckergehalt von wenig mehr als fünf Prozent finden sich bei der Stängellosen Primel *(Primula vulgaris)*, Hochprozentiges bieten Rosskastanie *(Aesculus hippocastanum)* mit bis zu 72 Prozent und Dost *(Origanum vulgare)* mit fast 76 Prozent an. Außer einigen eher seltenen Monosacchariden wie Arabinose und Ribose oder Oligosacchariden wie Maltose und Mellibiose enthält die Zuckerfraktion des Nektars vor allem Saccharose (Haushaltszucker), Glucose (Traubenzucker) und die besonders süß schmeckende Fructose (Fruchtzucker). Bei den rund tausend daraufhin untersuchten Pflanzenarten zeigte sich, dass man die Nektare unabhängig von ihrer Zuckerkonzentration in drei Typen einteilen kann: S-Nektare enthalten mehr Saccharose (S) als Fructose (F) und Glucose (G) zusammen (S → F+G); bei SGF-Typen beträgt das Verhältnis ungefähr 1:1:1, und bei den FG-Nektaren ist nur wenig bis gar keine Saccharose enthalten.

Meilenrekorde im Honigglas

Bei ihren Blütenbesuchen sammeln die Bienen Nektar und/oder Pollen. Mit ihrem Saugrüssel schlürfen sie den Nektar und schicken ihn sofort in einen im Hinterleib gelegenen, etwa stecknadelkopfgroßen und seltsamerweise Honigmagen genannten Behälter. Dieser ist durch einen Ventilverschluss vom anschließenden Darm abgeriegelt. Beim Pollen- und vor allem beim Nektarsammeln muss eine auf Tracht fliegende Arbeitsbiene strikt darauf achten, nur soviel Zuladung aufzunehmen, dass sie ihr höchstzulässiges Startgewicht nicht überschreitet. Das sind bei rund neunzig Milligramm Eigengewicht etwa vierzig Milligramm Nektar. Andererseits sind die ausbeutbaren Nektarmengen der Blüten meist sehr gering. Eine Sammlerin muss für eine komplette Honigmagenfüllung beispielsweise etwa tausend Klee- oder 200 Taubnesselblüten anfliegen.

Die beim Blütenbesuch eingesammelte Flüssignahrung ist, auch wenn sie im eigens so bezeichneten Honigmagen der Biene transportiert wird, zunächst immer noch ziemlich flüssig und noch lange kein eingedickter Honig. Dazu wird der Nektar erst auf seinen weiteren Behandlungsstationen. Im Bienenstock würgt die Sammlerin ihr mitgebrachtes Transportgut aus und gibt es an wartende Stockbienen weiter. Beim wiederholten Weiterreichen von Stockbiene zu Stockbiene verringert sich der Wasseranteil des eingebrachten Nektars stufenweise – vergleichbar einer fraktionierten Destillation. Auch bei der anschließenden Speicherung in den Waben verdunstet noch ein Teil des enthaltenen Wassers. Schließlich wird aus etwa drei Teilen Nektar schrittweise ein Teil Honig.

Aus jeder besuchten Blüte gewinnt eine Biene je nach besuchter Pflanzenart und außerdem auch noch tageszeitenabhängig etwa 0,1 bis 1 Milligramm reinen Zucker. Ein gestrichener Teelöffel Honig – die soeben auf Ihr Frühstücksgebäck recht zäh abtröpfelnde Menge – entspricht tatsächlich der Tagesleistung von rund zwei Dutzend Sammelbienen.

Rechnet man diesen Wert auf ein 500-Gramm-Honigglas hoch, so müssen die fleißigen Bienen dafür etwa zwei Millionen Blütenbesuche absolvieren. Legt man diesem Tun eine ergiebige Trachtquelle mit vielen eng benachbarten Einzelblüten in etwa tausend Meter Entfernung vom Bienenstock zu Grunde, ist für die gesamte Sammelleistung eine Flugstrecke von etwa 120 000 Kilometer nötig. Das entspricht dem dreifachen Erdumfang beziehungsweise der täglichen Flugleistung eines größeren Teils der Lufthansaflotte. An einem einzigen Sommertag kann ein fleißiges Bienenvolk soviel Nektar zusammenbringen, wie für etwa ein Kilogramm Honig erforderlich ist.

Sammel- oder Trachtbiene am Aktionsort Blüte

Offenschalige Blüte des Spitz-Ahorns *(Acer platanoides)*: Ein reiches Nektarangebot wartet auf dem Blütenboden.

Dessertschale oder Nektartütchen

Die Spezialisten haben endlose Tabellen mit unterschiedlichen Nektarienkonstruktionen zusammengestellt, die sicher von besonderem akademischem Interesse, aber für die Beobachtungspraxis weitgehend entbehrlich sind. Wir gehen hier eher pragmatisch vor und unterscheiden lediglich, wie die Blüten ihr Nektarangebot unterbreiten. Dabei fallen zwei Möglichkeiten auf: Entweder präsentieren sie ihren hochkonzentrierten Zuckersaft offen wie in einer Dessertschale oder sie verstecken ihn und lassen die Besucherinsekten erst ein wenig danach suchen.

Die erstere Alternative findet sich bei allen breit geöffneten, von ihrem Gesamtaufbau her offenschaligen Blüten: Hier wartet der Nektarvorrat auf seinen Ausbeuter als große, glitzernde Pfütze am Blütengrund – so beispielsweise zu sehen beim Spitz-Ahorn *(Acer platanoides)*, bei den Berberitzen (*Berberis* spp.) oder bei den Johannisbeeren (*Ribes* spp.). Die Blütenbesucher landen auf den betreffenden Blüten und können sich am bereit stehenden Vorrat ohne Umschweife betanken. Immerhin ist Fliegen ein energieaufwändiges Tun. Bienen nehmen daher einen Teil des zuvor eingesammelten Nektars als

Besonders auffällig sind die offen zugänglichen Nektardrüsen der Wolfsmilch-Arten. Sie sind entweder hörnchenförmig wie bei der Zypressen-Wolfsmilch *(Euphorbia cyparissias)* oder halbkreisförmig.

Treibstoffvorrat aus dem Stock mit – meist um zwei Milligramm je Arbeiterin und Sammelflug. Hummeln arbeiten besonders energieaufwändig, weil sie sich ständig stark aufheizen und deshalb auch bei kühler Witterung immer startbereit sind. Sie verbrauchen rund 0,07 Milligramm Zucker oder etwa 0,3 Kalorien in der Minute. Daher betanken sie sich immer zuerst mit dem energiedichten Nektar, ehe sie zum Einsammeln von Pollen übergehen. Tankstellen sind beispielsweise die Narben der Tulpe (*Tulipa* spp.), die Staubblattbasis wie bei der Vogel-Miere *(Stellaria media)* oder der Kronblattgrund wie beim Sauerklee (*Oxalis* spp.). Bei allen Doldenblütengewächsen trägt der Fruchtknoten einen breiten ringförmigen Kragen, Diskus genannt, der reichlich Nektar absondert. Ähnlich ist es auch bei der Weinraute *(Ruta graveolens)*.

Die andere Möglichkeit des versteckten Nektarangebots findet sich bei vielen Arten mit Spornbildungen. Darunter versteht man röhrenförmige, meist lange und überwiegend nach rückwärts gerichtete Aussackungen bestimmter Blütenteile. Bei den Veilchen (*Viola* spp.) ist der vom untersten Kronblatt gebildete Sporn nur das Nektarbehältnis, während das Nektarium eine Ausbuchtung der beiden vorderen Staubblätter ist. Auch bei den heimischen beziehungsweise eingeführten Springkraut-Arten (*Impatiens* spp.) finden sich ein Sporn mit Nektarfüllung, jedoch entsteht dieser als Aussackung eines Kelchblattes und entwickelt auch gleich die zugehörige Nektardrüse.

Tütenförmige Nektarblätter in einer Gartenform der Schneerose (*Helleborus* sp.)

Verstecktes Nektarangebot im rückwärtigen Sporn des Horn-Veilchens *(Viola cornuta)*: Der Sporn gehört zum unteren Kronblatt, die Nektardrüse zum benachbarten Staubblatt.

Viele Vertreter der Hahnenfußgewächse zeichnen sich durch recht ausgefallene Nektarblätter aus. Bei den Nieswurz- (*Helleborus* spp.) und bei den Schwarzkümmel-Arten (*Nigella* spp.) sowie beim Winterling *(Eranthis hyemalis)* stehen sie als zahlreich grünliche Nektartütchen zwischen den kräftig gefärbten Blütenhüllblättern und den

Staubblättern. Sie gelten bei diesen Gattungen als umgewandelte Staubblätter. Anders stellen sich die Blüten der Akelei (*Aquilegia* spp.) dar: Hier ist jedes der fünf Kronblätter in einen langen, gekrümmten Sporn ausgezogen, der innen eine Nektardrüse enthält. Bei den gestaltlich so auffälligen Blüten der Eisenhut-Arten (*Aconitum* spp.) sind die Kelchblätter blumig und bauen auch den hoch gewölbten Helm auf, während von den fünf Kronblättern nur die hinteren beiden als stark vergrößerte Nektarblätter in den Kelchblatthelm ragen. Sehr einfach geht es dagegen bei den Hahnenfuß-Arten (*Ranunculus* spp.) zu: Hier tragen die glänzend gelben oder weißen Kronblättern an der Basis eine kleine Schuppe, hinter der sich die Nektardrüse verbirgt.

Eigenartigerweise korreliert die Form der Nektarien beziehungsweise der Nektarpräsentation mit den oben erwähnten Nektartypen. Die offen und einfach zugänglichen Blüten des Dessertschalendesigns führen überwiegend FG-Nektare, diejenigen mit verstecktem Angebot in Spornen und Tütchen eher S-Nektare. Wenn der Nektar sozusagen nicht gleich

Tütenförmige Nektarblätter in einer Gartenform der Schneerose (*Helleborus* sp.)

Das Große Ochsenauge *(Maniola jurtina)* saugt an einer Vergissmeinnichtblüte (*Myosotis* sp.).

an der Haustür angeboten wird, sondern die Blütenbesucher erst ein wenig danach suchen müssen (was Lernprozesse und beachtliche -erfolge voraussetzt), erhöht sich die Kontaktzeit zwischen Blüte und Bestäuber und damit die Chance der Pollenablage.

Bei verstecktem Nektarangebot müssen die Blütenbesucher einen genügend langen Saugrüssel haben, um die Vorräte zu erreichen. Bei der Honigbiene ist er ungefähr sechs Millimeter lang, bei der Pelzbiene *Anthophora pilipes* bis 21 Millimeter, beim Taubenschwänzchen *(Macroglossum stellatarum)* 28 Millimeter und beim Ligusterschwärmer *(Sphinx ligustri)* bis zu 42 Millimeter. Berühmt geworden ist der 1820 im Regenwald Madagaskars entdeckte Stern von Madagaskar, die Orchideenart *Angraecum sesquipedale*, mit einem über zwanzig Zentimeter langen Sporn, der am Ende seinen Nektar bevorratet. Charles Darwin untersuchte diese Art anlässlich der Vorstudien zu seinem 1862 erschienenen Orchideenbuch und sagte darin voraus, dass es einen Bestäuber mit einem passend langen Rüssel geben müsse. Im Jahr 1903 wurde er tatsächlich entdeckt: Der Schwärmer *Xanthopan morgani* ist mit rund 25 Zentimeter Rüssellänge der Rekordhalter. Als sich noch niemand für die komplexe Bestäubungsbiologie der Orchideen interessierte, hatte der geniale Charles Darwin die Zusammenhänge längst erkannt.

Die hinsichtlich ihrer Rüssellängen zu kurz Gekommenen unter den Insekten müssen sich konsequenterweise mit kürzeren Blütenspornen oder Kronröhren abfinden – die Hummelschwebfliege *(Volucella bombylans)* ist mit acht Millimeter noch recht gut bestückt, aber in der verwandten Gattung *Syrphus* (drei Millimeter) wird es eventuell rasch grenzwertig. Selbst dann wissen sich manche Insekten noch zu helfen: Die relativ große Hummelart *Bombus terricola* besucht auf der Kanadischen Goldrute *(Solidago canadensis)* eher die langröhrigen Blüten an der Basis der Blütenstandäste, die deutlich kleinere *Bombus ternarius* bei gleichzeitigen Sammelausflügen eher die kurzröhrigen auf der Außenposition. Das sieht nach einer einvernehmlichen Ressourcenaufteilung aus. Es geht aber auch anders: Kurzrüsselige Hummeln beißen unter anderem die engen Kronröhren des Beinwells *(Symphytum officinale)* tief an der Basis an, beuten den Nektar aus und umgehen die eigentlich vorgesehene Bestäubungsroute. Das ist schlicht Nektardiebstahl. Die verräterischen Einbruchspuren sind an den Blüten oft zu sehen (Abb. Seite 189), gelegentlich auch an Akeleien und am Helm des Eisenhuts.

Das Nektarangebot der Blüten richtet sich in Mitteleuropa ausschließlich an Insekten mit saugenden Mundwerkzeugen: Taubenschwänzchen *(Macroglossum stellatarum)* an Natternkopf *(Echium vulgare)*.

Zitronenfalter *(Gonepteryx rhamni)* beherrschen perfekt die Kunst, ihren langen Rüssel in engröhrige Blüteneingänge zu bugsieren.

Auch die fünf Blütensporne der Akelei *(Aquilegia vulgaris)* sind häufig von Nektardieben angebissen.

Die eigene Ölquelle

Pollensäcke und Nektardrüsen unterbreiten den tierischen Blütenbesuchern für ihre Fouragetouren ein sowohl qualitativ wie quantitativ alle Ernährungsbedürfnisse zufrieden stellendes Angebot. Manche Blüten setzen aber noch eins drauf. Gemeint sind nicht die in den anrührenden, um die vorletzte Jahrhundertwende erschienenen Darstellungen oft so benannten Beköstigungsantheren oder Futterhaare, die es für diesen Zweck so gar nicht gibt, sondern sozusagen ein Sonderangebot, das bei den Blütenpflanzenarten Mitteleuropas nur wenig verbreitet ist. Daher wurde es auch nicht in der heimischen Flora entdeckt. Vielmehr durchschaute der verdienstvolle Mainzer Blütenbiologe Stefan Vogel in den 1970er-Jahren diese weitere Angebotslage erstmals am Beispiel südamerikanischer Arten: Manche Blüten produzieren statt oder ergänzend zu Pollen und Nektar in speziellen Drüsenfeldern auch fette Öle. Das passt irgendwie zu dem Vergleich, wonach die Blüte für ihre Besucher im Prinzip eine ergiebige Imbissbude ist.

Das Lipidangebot der Ölblumen besteht aus den Glyceriden meist von ungesättigten Hydroxyfettsäuren. Die Blüten bieten sie in speziellen Drüsenfeldern (Elaiophoren) an. Ein für die eigene Beobachtung gut erreichbares Beispiel sind die aus Südamerika stammenden Pantoffelblumen *(Calceolaria tripartita)*, die man heute in eine eigene Familie stellt. Ihre Ölquelle liegt am oberen Innenrand der pantoffelförmig gewölbten Unterlippe (Abb. rechts). Die in Mitteleuropa als Wild- und Zierpflanzen weit verbreiteten Gildweiderich-Arten (*Lysimachia* spp.) produzieren ihr fettes Öl in zahlreichen Drüsenhaaren an den Staubblattfilamenten. Dieses besondere Nahrungsangebot nutzen nur wenige Arten. Bei *Lysimachia*-Arten sind nahezu ausschließlich die Weibchen der zu den Solitärbienen gehörenden *Macropis*-Arten zu Gast. Sie sammeln feine Öltröpfchen mit den Vorderbeinen ein, vermischen sie mit Pollen, platzieren sie irgendwo an geschützter Stelle und legen ein Ei darauf. Damit ist die Ernährung der Bienenlarve bis zur Verpuppung gesichert.

Öldrüsen finden sich auch an den Staubblattstielchen der Gilbweiderich-Arten (*Lysimachia* spp.).

7

Farben, Düfte und sonstige Verlockungen

Vorhergehende Doppelseite:
Prächtiger geht es kaum: Salz-Aster *(Aster tripolium)* am Ostseestrand

Gartenschwebfliege *(Syrphus ribesii)* im Anflug auf einen ergiebigen Futterplatz

Mauerblümchen können sehr apart aussehen: Mauer-Leinkraut *(Cymbalaria muralis)*.

Die bürgerliche Begrifflichkeit bezeichnet als Mauerblümchen leicht verächtlich unscheinbare, kaum wahrgenommene und eventuell auch nicht weitere wahrnehmenswerte (überwiegend weibliche) Wesen. Welche Fehldiagnose! Schon das Mauer-Leinkraut *(Cymbalaria muralis)* widerlegt diese eigenwillige Konnotation mit mehreren Attributen, von anderen hübschen Mauersiedlern wie Kartäuser-Nelke *(Dianthus carthusianorum)* oder Mauerpfeffer *(Sedum sexangulare)* einmal ganz abgesehen. Die nicht nur in der Nahperspektive ausgesprochen hübschen Blüten zeigen ein vielfältiges adressatenoptimiertes Design, das nur dem ignoranten oder flüchtigen Beobachter verborgen bleibt.

Wer etwas anzubieten hat und eine Gegenleistung erwartet, muss es nach außen entsprechend wirksam darstellen. Windblütige Arten benötigen daher keine ausufernden Werbekampagnen. Sie können es sich tatsächlich leisten, in den verschiedenen Grünnuancen ihrer Umgebung schlicht unterzugehen oder sogar gänzlich unbemerkt zu bleiben, denn ihr abiotisches Bestäubungssystem funktioniert in jedem Fall hinreichend zuverlässig. Das kommt ausnahmsweise sogar bei Orchideen vor. Die extrem seltene australische *Rhizantella gardneri* wächst zeitlebens unterirdisch als Partnerin von Bodenpilzen und entwickelt ihre unscheinbaren erdbraunen Blüten erst, wenn in der Trockenzeit Bodenspalten aufbrechen. Sie ist definitiv das Aschenputtel in ihrer weiteren Verwandtschaft.

Die auf biotische Bestäubung festgelegten Pflanzenarten müssen dagegen gänzlich anders vorgehen und nachhaltig bemerkbare Werbekampagnen starten. Weil sich ihre potenziellen Besucher und Bestäuber im Wesentlichen über die Augen orientieren, machen solche Blüten im Hinblick auf ihre Kundenkreise eine Menge Aufhebens von sich – sie setzen sich mit heftigen Farbakzenten und auch sonst üppiger Gesamtaufmachung visuell möglichst wirksam von ihrer Umgebung ab. Die oftmals unglaublich pompös erscheinenden Blumen in Gärten und Parks kann man dafür nicht unbedingt als Maßstab nehmen, obwohl auch sie natürlich mächtig beeindrucken. Hier haben die Pflanzenzüchter am Erscheinungsbild kräftig nachgeholfen und entwickeln auch weiterhin ständig neue Sorten in zuvor nie dagewesenen Farbstellungen. Lassen wir die Starmannequins der Gartenschauen und Sortimentskataloge getrost aus dem Blick. Überzeugend sind nämlich auch die vielen Blumen, die von den alpinen Matten bis zu den Salzwiesen an der Küste mit einem äußerst dekorativen Outfit erfreuen. Ihr gesamter optisch-visueller Auftritt hat nur das eine Ziel, kompetente Bestäuber anzulocken. Bevor es auf der Erde Bedecktsamer gab, sah die festländische Welt ungefähr so aus wie ein japanischer Garten – ruhig, grün und ein wenig melancholisch. Erst nachdem sich die Angiospermen mit großen Blüten entwickelt hatten, wurde die Erde ein wirklich bunter Garten. Farben und Formen sind das florale Fanal für Futter.

Was Blüten im Schilde führen

Bekanntlich kommt keine Imbissbude und erst recht kein Landgasthaus ohne Reklame aus. Selbst eine Kneipe benötigt ein werbewirksames Aushängeschild mit der wichtigen Aufgabe der Besucherlenkung. Aus exakt dem gleichen Grunde sind die ursprünglich unauffälligen, weil mit abiotischen Pollenvektoren arbeitenden Blüten zu ungemein attraktiven Blumen geworden, die mit allerhand optischen Mitteln Aufmerksamkeit erregen und besondere Signaladressen an ihre potenziellen Besucher richten. Andererseits sind weder Insekten noch die übrigen als Blütenbesucher involvierten Tiergruppen mit Sicherheit keine stumpfen Kostgänger, die gleichsam automatisch auf eine Blüte reagieren. Sie erlernen individuell aus Erfahrung den Zusammenhang, welche Blüte besonders ergiebige Nektar- und Pollenvorräte im Schilde führt. Farbwertigkeit und Farbsättigung der Blüten sind dabei besonders relevante Größen. Bezeichnenderweise sind in unseren Breiten die spektral reinen Rottöne unter den Blütenfarben deutlich unterrepräsentiert, weil die meisten Blütenbesucher unter den Insekten (darunter vor allem die in dieser Hinsicht seit Karl von Frisch hervorragend untersuchten Honigbienen) rotblind sind. In tropischen Regionen sind dagegen Rotblüher prozentual wesentlich häufiger, weil ihre Signalempfänger unter anderem die erwiesenermaßen sehr rottüchtigen Nektarvögel (Gebiete der Alten Welt) oder Kolibris (Neue Welt von Feuerland bis Alaska) sind.

Bunte Ackerflur – Insekten finden hier eine reiche Auswahl an Gaststätten. In der modernen Agrarlandschaft sieht es damit oft eher trübe aus.

Ganz in weiß – in der Landschaft und auch aus der Nähe in der Wirkung kaum zu toppen, aber chemisch gesehen kein pigmentvermittelter Farbeindruck

Die Chemie muss stimmen

Es mag paradox erscheinen, aber um wirksam aufzufallen genügt es tatsächlich, überhaupt keine Farbe einzusetzen und sich einfach weiß zu gewanden. Weiß ist nach physikalischen Kriterien keine definierte Farbe, sondern ein wilder Wellenlängenmix von allen Qualitäten des Regenbogenspektrums. Bei weißen Blüten ist keine komplizierte Pigmentchemie beteiligt – sie erscheinen nur deswegen so blütenrein im Sinne der Waschmittelwerbung, weil sie das «weiße» Tageslicht ähnlich wie frisch gefallener Schnee total reflektieren. Die Blütenblattgewebe sind von zahlreichen mikroskopisch kleinen Zellzwischenräumen durchzogen. Diese sind mit Luft gefüllt, und jede kleine Luftblase wirkt in wässriger Umgebung an ihrer Oberfläche wie Spiegel. Dieser Effekt erklärt auch das silbrige Aussehen der Gasbläschen, die im Mineralwasser (oder Champagnerglas ...) aufperlen. Drückt man ein reinweißes Kronblatt mit dem Fingernagel platt oder hilft man gar mit einem kräftigen Hammerschlag nach, entweicht die Luft, und der Rest sieht dann eher glasig-trüb aus wie ein matschiger Schneeball, aus dem ebenfalls die Luft raus ist.

Für echte Farbeffekte zwischen Pastell und Pastos setzen die Blütenblätter wirklich Pigmente ein und bekennen damit Farbe. Diese sind immer in Zellen gebunden und finden sich entweder als lipidlösliche Plastidenfarbstoffe (gelbe bis orange Carotenoide) oder als wasserlösliche Vakuolenfarbstoffe aus der interessanten Naturstoffgruppe der Flavonoide beziehungsweise der Betalaine. Die Flavonoide können als Anthocyane vorliegen und liefern dann, abhängig von geringfügigen Umbauten im Molekül, die gesamte

Blütenfarben verändern sich: Beim Lungenkraut *(Pulmonaria officinalis)* sind die jungen Blüten rötlich, die älteren blau.

Das knallige Rot der Mittagsblumen (*Carpobrotus* sp.) geht auf zellsaftlösliche Betalaine zurück. Es sind die gleichen Pigmente wie in der Roten Bete.

Diese Tulpen sind geradezu ein farblicher Aufschrei: Das knallige Rot geht auf eingelagerte Anthocyane zurück, die gelben Säume auf Carotenoide und das tiefe Schwarz der Blütenmitte aus der Überlagerung beider Farbstoffe.

Wie Blütenzellen bunt werden: In der Knospe sind die Blütenhüllblätter durch Chloroplasten noch grün (links). Die Chloroplasten können abgebaut oder zu farblosen Leukoplasten werden (Mitte), die wassergefüllte Vakuole wird zusätzlich durch Anthocyane oder Betalaine gefüllt (oben), oder beide Prozesse laufen ab (unten).

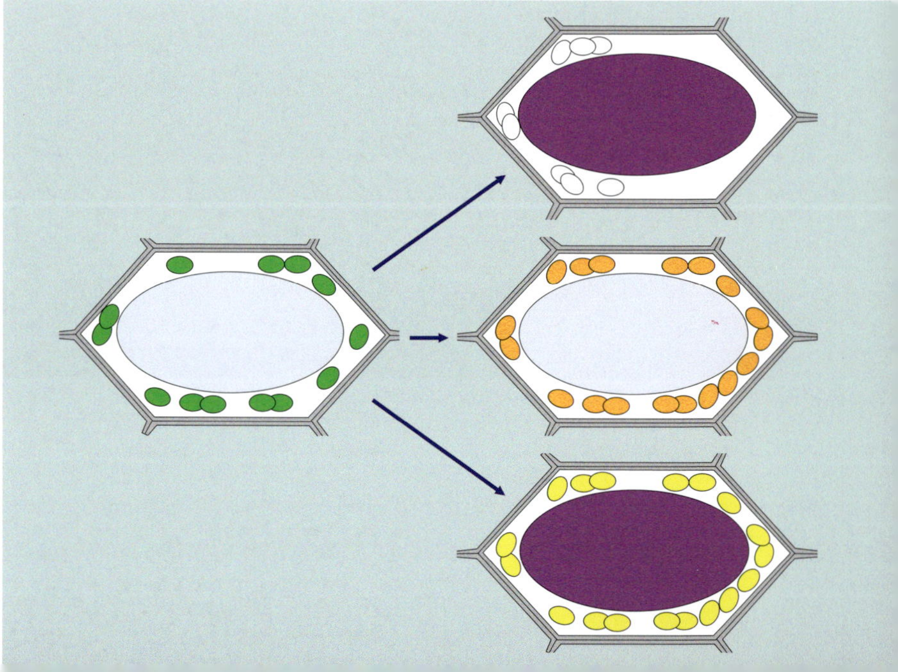

Solche Farbtiefe in Gelb schaffen nur Carotenoide: Kalifornischer Goldmohn *(Eschscholzia californica)*

Palette von hellrosa (Weg-Malve) über kräftig pink (Kartäuser-Nelke) bis knallrot (Klatsch-Mohn) und tief dunkelblau (Enzian). Liegen sie als Flavone oder als Flavonole vor, ergeben sie nicht allzu auffällige gelbliche bis hellgelbe Farbtöne. Die Betalaine sind eine erfolgreiche Alternative zu den Flavonoiden und kommen mit diesen niemals gemeinsam vor. Man findet sie nur in den wenigen Pflanzenfamilien der Ordnung Caryophyllales mit Ausnahme der Nelkengewächse (Caryophyllaceae) selbst. Interessanterweise kommen auch sie in einer roten oder blauen Farbstellung als Betacyane vor wie bei den Bougainvilleen sowie als kräftig gelbe Betaxanthine wie bei vielen Kakteenblüten. Die Vakuolenpigmente Flavonole und Betalaine erreichen zusammen mit den plastidengebundenen Carotenoiden eine schier unerschöpfliche Nuancierung. Dabei setzen die Blattorgane auch noch weitere interessante farbphysikalische Effekte ein wie die additive und die subtraktive Farbmischung, deren Details wir hier jedoch ausblenden können.

Entdeckt hat das Zielscheiben-Prinzip Christian Konrad Sprengel im späten 18. Jahrhundert am Vergissmeinnicht (*Myosotis* sp.). Die farblich abgehobene Blütenmitte nannte er damals Saftmal.

Das Prinzip Zielscheibe

Allein ein Farbklecks auf einem neutralgrünen Hintergrund macht kaum hinreichend neugierig und lockt auch keine größeren Besuchermengen an. Tatsächlich ist die optische Gesamterscheinung einer Blüte bei genauerem Hinsehen deutlich mehr als nur ein simpler farbgesättigter Blickfang oder visueller Aufreißer. Blüten versorgen ihre potenziellen Besucher nämlich gerade im optisch-visuellen Bereich mit allerhand nützlichen Zusatzinformationen. Anstelle eines nur plakativ wirkenden und ansonsten weitgehend undifferenzierten Farbflecks erweisen sich bei näherem Hinsehen fast alle Blüten als Gebilde mit hochgeordneten Einzelstrukturen, die allesamt besondere Signalfunktionen übernehmen können. Blüten praktizieren in bewundernswerter Weise angewandtes Kommunikationsdesign.

Die unterschiedliche Ausfärbung der Kronenteile mit ihrer lenkenden Wirkung ist für das Erscheinungsbild einer Blüte von nachhaltiger Wirkung: Dreifarbige Winde *(Convolvulus tricolor)*.

Wer durstig oder hungrig ist und ein Gasthaus ansteuert, möchte verständlicherweise nicht lange nach dem Eingang suchen müssen. Exakt diese Minimalinformation bietet die Blüte auch dem anfliegenden Insekt. Wie gezielte Versuche unter anderem mit Schwebfliegen gezeigt haben, ist eine hochwirksame Lenk- und Landehilfe beispielsweise die farblich-kontrastbetonende Unterscheidung zwischen dem Blütenzentrum und der Blütenperipherie. Nahezu alle insektenbestäubten Blüten färben ihre für die potenziellen Besucher ausschließlich interessante Mitte – hier befinden sich die Pollenkornvorräte und/oder das Nektarangebot – entweder deutlich heller oder wesentlich dunkler aus als die umgebenden Randbereiche. Beispiele aus der mitteleuropäischen Flora sind unter den radiärsymmetrischen Blütenkonstruktionen unter anderem Venusspiegel *(Legousia speculum-veneris)*, Acker-Gauchheil *(Anagallis arvensis)*, Leberblümchen *(Hepatica nobilis)* und Alpen-Rose *(Rosa pendulina)*. Unter den zygomorphen (bilateralsymmetrischen) Blütenmodellen wären etwa zu nennen Feld-Rittersporn *(Consolida regalis)*, Acker-Veilchen *(Viola arvensis)*, Vogel-Wicke *(Vicia cracca)* oder alle

Bei der Runzel-Rose *(Rosa rugosa)* sind die Farbunterschiede nicht besonders auffällig, aber …

… sie wirken, wie der Doppelbesuch der Dunklen Erdhummel *(Bombus terrestris)* beweist.

Ehrenpreis-Arten (*Veronica* spp.). Wir nennen diese Farbkontrastierung hier das Zielscheiben-Muster, weil es in seinem Basisdesign genau der Geometrie einer Ziel- beziehungsweise Schießscheibe vom Schützenfest gleicht.

Das Zielscheibenprinzip wirkt in der Ausprägung innen hell/außen dunkler wie bei der Korn-Rade *(Agrostemma githago)*, Wiesen-Storchschnabel *(Geranium pratense)* oder der Mehl-Primel *(Primula farinosa)* ebenso wie umgekehrt mit hellerem Saum gegen dunkleres Blütenzentrum wie bei Klatsch-Mohn *(Papaver rhoeas)*, Sommer-Adonisröschen *(Adonis aestivalis)* und Gilbweiderich *(Lysimachia vulgaris)*. Das gleiche Design findet sich natürlich auch bei allen Zierpflanzen, deren Wildformen gewöhnlich aus fernen Ländern stammen.

Die Lenkung über ein solches visuell wirksames Kontrastprogramm führt das anfliegende Insekt zielgenau in das Zentrum, wo sich üblicherweise der Zugang zu den offen oder verborgen präsentierten Nektarvorräten befindet. Oft erhält es auf den Kronblättern – besonders bei den Lippenblüten – auch noch ein besonderes Signal für die genaue Punktlandung (Abb. Seite 203). Während die Gesamtblüte oder auch ein Blütenstand mit ihrer enormen Farbigkeit eher eine Art Leuchtreklame mit ausgesprochener

Fernwirkung darstellen, dienen die in sich stark differenzierten Blütenmuster jeweils der Feinnavigation im Nahbereich. Farbkontraste zwischen innen und außen oder Mitte und Rand sind dazu ein außerordentlich wirksames Mittel, wie auch der kritische Selbstversuch bestätigt: Fast selbstverständlich werden auch unsere Blicke förmlich zum geometrischen Mittelpunkt einer Blüte mit entsprechendem Design hingezogen, wie etwa die besonders farbintensiven *Primula-veris*-Hybriden oder das bunte Sortenbild von Garten-Stiefmütterchen *(Viola wittrockiana)* beziehungsweise Horn-Veilchen *(Viola cornuta)* zeigen. Diesen Funktionszusammenhang hat als Erster Christian Konrad Sprengel erkannt; in seinem 1793 erschienenen Werk *Das entdeckte Geheimnis* spricht er ausdrücklich von den Saftmalen der Blüten. Heute nennen wir diese der Besucherlenkung dienenden Markierungen Farbmale. Übrigens: Lässt man unvoreingenommene Kinder einfach eine Blume malen, kommt gewöhnlich exakt das geschilderte Zielscheibendesign mit deutlich abgesetztem zentralen Farbmal heraus.

Mitunter pervertiert die Natur ihre Erfolgsmodelle und liefert auch auf diesem Wege faszinierende Effekte. Aus menschlicher Sicht besonders perfide verhält sich die Krabbenspinne *(Misumena vatia)*. Sie kommt in mehreren Farbvarianten von grellweiß bis rotbraun vor, setzt sich mitten in Blüten und erscheint dann als prächtig einladendes Farbmal – für Blütenbesucher ein absolut tödlich endender Irrtum (Abb. oben), denn ihr Ausflug endet in den Giftklauen der Spinne.

Die Krabbenspinne *(Misumena vatia)* lauert in blütenfarbiger Tarntracht auf ihr nächstes Opfer.

Weniger scheinen als sein

Das Zielscheiben-Grundmuster der kontrastbetonten Unterscheidung zwischen Mitte und Peripherie hat sich in der Koevolution zwischen Blüte und Bestäuber offenbar hervorragend bewährt und selbst verstärkt. Nur so sind auch die Farbfassungen etlicher Sonderarrangements zu verstehen, darunter bezeichnenderweise die komplex zusammengesetzten Blütenstände aus vielen kleinen Einzelblüten. Das Beispiel Sonnenblume *(Helianthus annus)* oder andere Vertreter der Asteraceae zeigt, wie der aus morphologisch völlig unterschiedlichen sterilen und fertilen Elementen komponierte Blütenkorb (= Blütenstand) dennoch in seinem Erscheinungsbild den Gesamteindruck «Lohnende Großblume» hinbekommt – und dies natürlich unter Verwendung des Zielscheiben-Basisdesigns. Auch bei den Doldenblütengewächsen werden auf diese Weise die vielteilig konstruierten Blütenstände mit ihren vielen Hundert Einzelkomponenten zu einer gewaltigen, als Pseudanthium bezeichneten Superblume, die ihre Besucher anzieht wie eine einladende Sonnenterrasse, wenngleich bei dieser Pflanzenfamilie zumindest für den menschlichen Beobachter keine allzu auffälligen Unterschiede in der Ausfärbung am Werk sind. Diese sind jedoch vielfach bei den großblumig aufgemachten Blütenständen der Hortensien (*Hydrangea* spp.) zu sehen. Die blumige Gesamterscheinung mit abweichendem Design zwischen innen und außen kommt hier durch stark größenverschiedene

Die zusammengesetzte Dolde vom Breitsamen *(Orlaya grandiflora)* besteht aus zahlreichen Einzelblüten. Durch Vergrößerung der Randblüten soll sie wie eine einzige Superblume erscheinen.

Elemente der jeweiligen Blütenhüllen zustande – sehr kleine bis fast fehlende Kronblattkreise bei den Einzelblüten des Zentralbereichs und «strahlende», oft auch noch mehrzipflige Blütenhüllblätter nur bei den Randblüten liefern die konstruktive Basis. Beispiele für diesen optisch offenbar ziemlich wirksamen Trick sind der Wiesen-Bärenklau *(Heracleum sphondylium)* oder der Breitsame *(Orlaya grandiflora)*. Tendenziell ähnliche Entwicklungen zeigen manche Vertreter der Geißblattgewächse wie der Wasser-Schneeball *(Viburnum opulus)*. Bei einigen *Viburnum*-Arten sind die als Pseudanthien angelegten Blütenstände so dekorativ, dass man sie vor allem deswegen gerne als Park- und Ziergehölze verwendet.

Bei vielen Blüten sind die Farbmale keine unveränderlichen Signale. Bei der Rosskastanie *(Aesculus hippocastanum)* zeigen sich die frisch geöffneten Blüten mit kräftig chromgelbem Farbmal. Dieses färbt sich nach der erfolgreichen Bestäubung beziehungsweise nach der Ausbeutung des Nahrungsangebots über orange nach tiefrot um (Abb. unten rechts). Damit verliert sie auch ihre UV-Reflektivität. Sobald die Rosskastanienblüte für unsere Augen die Rote Karte zeigt, ist sie für die rotblinden, aber UV-tüchtigen Hautflügler schlicht uninteressant und wird nicht mehr angeflogen. Ähnliche Farbumbauten findet man in den attraktiven Blüten der Trompetenbäume (*Catalpa* spp.) und bei vielen Wildrosen.

In der Doldenmitte der Wilden Möhre *(Daucus carota)* findet sich meist eine dunkelpurpurne «Mohrenblüte» – die übliche Farbmarkierung der Blumenmitte.

Wenn die Blüten der Rosskastanie *(Aesculus hippocastanum)* die Rote Karte zeigen, werden sie nicht mehr angeflogen.

Immer auf die Linie achten

Ringsektoren mit voneinander abweichender kontrastreicher Farb- und Formgebung sind gewiss nicht die einzige Möglichkeit, die Blicke zu lenken und einen anfliegenden Blütenbesucher sicher ins Ziel zu führen. Dem gleichen Zweck dienen auch visuelle Leitplanken – die fallweise entweder zarter oder kräftiger ausgeführten Strichmuster auf den einzelnen Kronblättern, wie man sie beispielsweise bei den Stiefmütterchen (*Viola* spp.) und den Ehrenpreis-Arten (*Veronica* spp.) entdecken kann. Bezeichnenderweise verlaufen die aufgetragenen (meist dunkleren) Striche nicht beliebig oder gar in konzentrischen Kreisen, sondern wie die Radspeichen zur Nabe immer streng radial ausgerichtet auf die Blütenmitte. Selbst wenn die betreffende Blüte gar nicht sternförmig oder radiärsymmetrisch aufgebaut ist und als recht bizarres Gebilde mit medianer Spiegelungsachse somit nicht die fast automatisch zentrierende Wirkung ihrer Konstruktionselemente nutzen kann, helfen deutliche Strich- und Linienmuster an den Flanken oder anderer gut platzierter Stelle bei der raschen Orientierung zur Mitte. Solche Strichmuster auf den Kronblättern kommen häufig, aber durchaus nicht immer durch eine differenzielle Farbstoffbeladung der Epidermiszellen über den Leitbündeln («Blattnerven»)

Horn-Veilchen *(Viola cornuta)*: Alle Mittel sind im Einsatz – vom Kontrastprogramm der Kronblattausfärbung bis zum Strichmuster zum Kroneneingang.

Die Strichmuster auf den Kronblättern können sehr zart ausfallen, wie beim Wiesen-Storchschnabel *(Geranium pratense)*, bei Stockrose *(Alcea rosea)*, Acker-Winde *(Convolvulus arvensis)* sowie Echtem Lein *(Linum usitatissimum)*.

der Kronblätter zu Stande. Sie können aber auch nur aus langgestreckten Zellgruppen mit farbintensiver Vakuole in den Bereichen zwischen den Kronblatt-Leitbahnen bestehen. Die mikroskopische Kontrolle verdächtiger Beispielarten deckt hier eine überraschende Fülle von Möglichkeiten auf. In jedem Fall werden die Striche damit zu äußerst hilfreichen Wegweisern beziehungsweise optischen Leitplanken, die dem Besucher das Blütenzentrum mit seinen reichen Nektar- und/oder Pollenvorräten im Direktverfahren anzupeilen helfen. Dieses Blütenmuster ist mehrfach in ganz verschiedenen Familien entwickelt und optimiert worden. Man findet es außer bei den Veilchengewächsen mit der schon erwähnten Gattung *Viola* oder bei den Wegerichgewächsen mit ihrer Gattung *Veronica* natürlich bei vielen Orchideen, vor allem in den Gattungen *Dactylorhiza* und *Orchis*. Einem Blüten besuchenden Insekt mag es im Grunde nicht viel anders ergehen als einem systematisch arbeitenden Botaniker: Beide sehen sich bei den attraktiven

Beim Roten Sonnenhut *(Echinacea purpurea)* wirkt der gesamte Blütenkorb als Wegweiser zur lohnenden dunkleren Mitte.

Auch komplexe Blütenstände markieren einen Landeplatz; Mädchenauge (*Coreopsis* sp.)

Blütenmal-Typen: **1** Strichmal (Malve, *Malva*), **2** Ringmal (Vergissmeinnicht, Myosotis), **3** zentrales Fleckenmal (Schlüsselblume, *Primula*), **4** Fleckenmal (Taubnessel, *Lamium*), **5** Lippenmal (Leinkraut, *Linaria*) , **6** Kombination aus Flecken- und Strichmal (Ehrenpreis, *Veronica*)

und als Nahrungsquelle ergiebigen Blüten einer unglaublichen Fülle verschiedener Gestalttypen und deren vielfältiger Abwandlung gegenüber. Solche Vielfalt müsste eigentlich frustrieren, gäbe es da nicht die besonders zuverlässigen optischen Signalstrukturen, die bei aller bestehenden Varianz des Gesamterscheinungsbildes immer wieder die wesentlichen Grundzüge des gemeinsamen Blütenbauplans aufnehmen. Es genügt also im Zweifelsfall jeweils, besonders auf die Linie zu achten, um trotz aufwändig gestalteter Blütenumrisse und größenverschiedener Abmessungen der Blütenhülle dennoch ohne Umschweife das Nahrung spendende Blütenzentrum sicher zu erreichen.

Für solche Signalaufgaben verwenden die Blüten in den verschiedenen Verwandtschaftsgruppen durchaus nicht nur besondere Farbeffekte allein der Blütenkrone. Viele Pflanzenarten beziehen fallweise auch die übrigen Blütenorgane in die visuelle Richtungs- und Gebrauchsanweisung mit ein. So kontrastieren beispielsweise die Frühlings-Anemone *(Anemone blanda)* ihre grell hellgelben Staubblätter mit dem dunkelblauen beziehungsweise violetten Hintergrund der Kronblätter. Bei verschiedenen Vertretern der Raublattgewächse dienen dazu strahlendweiße und auch noch auffällig ausgebreitete Narbenlappen. Andererseits gibt es wie beim Kultur-Apfel *(Malus domestica)* tiefrote Antheren in grellweißer Umgebung oder wie bei der Weg-Malve *(Malva sylvestris)* entzückendes Himmelblau gegen Karminrot.

UV-Male auf Blütenkronen: **1** Zaunrübe *(Bryonia)*, **2** Immergrün *(Vinca)*, **3** Fingerkraut *(Potentilla)*, **4** Scharbockskraut *(Ranunculus)*, **5** Kreuzkraut *(Senecio)*, **6** Goldnessel *(Lamium)*

Für das menschliche Auge sind die Farbunterschiede zwischen innen und außen beim Scharbockskraut *(Ranunculus ficaria)* kaum wahrnehmbar. Im UV-Licht sind die Kontraste erheblich.

Farben, die wir nicht sehen

Selbst wenn die verschiedenen Bestandteile einer Blüte ganz und gar monochrom und vermeintlich unstrukturiert einheitlich aussehen sollten, präsentieren sie sich für Insektenaugen häufig völlig anders und dennoch aufreizend kontrastreich. Sämtliche Blütenteile können nämlich eventuell blaunahes UV-Licht stark reflektieren oder völlig absorbieren und bieten damit ein gegenüber unserer menschlichen Sinnesempfindung völlig abweichendes Farbspektakel. Beispiele dafür sind die Blüten vieler Hahnenfußgewächse. Bei genauerem Hinsehen erkennt man in der Blütenkrone von Scharbockskraut *(Ranunculus ficaria)* oder Kriechendem Hahnenfuß *(Ranunculus repens)* allenfalls ein paar Unterschiede zwischen dem glänzendem Hellgelb und einer zum Blütenzentrum hin eher trüberen Ausstattung. Die Betrachtung dieser Blüten im UV-Licht zeigt das Zentrum wegen seiner starken Strahlungsabsorption für Licht der Wellenlänge < 390 Nanometer als nahezu schwarzer Stern. In welch hinreißendem Licht sich gerade die UV-verarbeitenden Blüten(organe) oder deren Teilbereiche ihren potenziellen Besuchern präsentieren, lässt sich fototechnisch leider nur mit den grob vereinfachenden Mitteln abgestufter Grauwerte wiedergeben. UV-Tüchtigkeit ist unterdessen auch für Vögel und Fledermäuse nachgewiesen.

Dufte Typen

Die Wahrnehmung der Umwelt mit den Augen ist auch bei den Tieren das wichtigste Orientierungsmittel. Die chemischen Sinne vermitteln aber ebenfalls wichtige Botschaften, und somit spielen auch Duftstoffe in der inner- sowie zwischenartlichen Kommunikation eine bedeutende Rolle. Als Pheromone führen die besonderen Duftkomponenten die potenziellen Paarungspartner zusammen. Beim zwischenartlichen Signalbetrieb, so auch im Fall der Blüten, spricht man eher von Allomonen. Zum Gesamterlebnis Blume gehört daher auch die geruchliche Wahrnehmung. Manche Blumen wie Hyazinthen, Maiglöckchen und Rosen duften so stark, dass man sie schon bemerkt, ehe man sie tatsächlich gesehen hat. Andere operieren in dieser Szene für unsere Riechleistung eher unterschwellig. Tierische Blüteninteressierte mit ihren oft vielfach leistungsstärkeren Sinnesorganen registrieren sie dennoch. Düfte erhöhen die Attraktivität. Daher schmückt sich die Damenwelt nicht nur mit farbprächtiger Gewandung und als Zusatzattribut einer Blume im Haar, sondern trägt – und das gehört nach ökologischen Kategorien bezeichnenderweise in das Einsatzgebiet Pheromone – zusätzlich ein Parfüm mit angenehm duftenden Naturstoffen auf, die meist der pflanzlichen Blütenchemie entstammen wie beispielsweise das Neroliöl von der Bitterorange *(Citrus aurantium)* oder das aparte Aroma der Maiglöckchen *(Convallaria majalis)*. Duftende Öle gehören bei den Pflanzen zu den erfolgreichen PR-Maßnahmen.

Die Blütendüfte entstehen – ähnlich wie Nektar und fette Öle – in besonderen Drüsenkomplexen, Osmophoren genannt. Sie befinden sich überwiegend auf den Kronblättern. Im Unterschied zu den fetten Ölen der Elaiophoren sind die Komponenten der Duftöle flüchtig beziehungsweise ätherisch – sie verduften rückstandsfrei, denn es liegt ihnen eine völlig andere Naturstoffchemie zu Grunde. Oft handelt es sich dabei um offenkettige oder zyklische Mono- beziehungsweise Diterpene oder um Phenylpropan-Abkömmlinge ((Grafik 42)), die überwiegend sehr angenehme, blumig bis fruchtig betonte Duftwahrnehmungen hervorrufen. Die Vertreter der Amine wecken dagegen keine so angenehmen Assoziationen: Methylamin $H_3C\text{-}NH_2$ aus dem Aronstab *(Arum maculatum)* erinnert an Urin, Trimethylamin $(H_3C)_3N$ aus den Weißdorn-Arten (*Crataegus* spp.) weist die Qualitäten einer schlecht gelüfteten Fischbratküche auf. Aber selbst für solche Duftnoten oder für die sogar als betont nach Aas- oder Fäkalien «duftenden» Indol- beziehungsweise Skatolderivate können besondere Verwandtschaftsgruppen unter den Insekten heftig schwärmen. Sie sind die spezifische Duftmarker der Aas- und Ekelblumen.

Schon vor mehr als einem halben Jahrhundert haben zwei Biologinnen, Alexandra von Aufsess und Therese Lex, durch geduldige Versuche herausgefunden, dass die Blüten nicht an allen Teilen unterschiedslos duften, sondern räumlich verschiedene Duftmuster aufweisen. Sie zerschnippelten alle möglichen Blütentypen fein säuberlich, verteilten die Abschnitte in kleine Glasgefäße und ließen sensible Testpersonen anschließend feststellen, ob die Proben unterschiedlich oder verschieden stark dufteten. Nachdem man Osmophoren in Blüten mit einer sehr einfachen Versuchstechnik visualisieren kann (vgl. Textkasten), ist die Analyse viel einfacher: Blüten weisen tatsächlich differenzierte Duftmarken auf. Oft fallen sie mit den im sichtbaren Bereich erkennbaren Farbmalen zusammen, aber auch die für uns nicht wahrnehmbaren UV-Male heben sich in ihren chemischen Qualitäten vom direkten Umfeld ab. Bei Glockenblumen (*Campanula* spp.) nimmt die Duftintensität zum Blütengrund hin zu, bei Narzissen (*Narcissus* spp.) und Schwertlilien (*Iris* spp.) duftet das optisch markierende Farbmal anders als die Osmophoren. Oft markieren die Duftfelder gerade den engröhrigen Blüteneingang wie bei den Veilchen (*Viola* spp.) oder parfümieren auch das Futter selbst, vor allem die Pollenkörner. Nektar ist allerdings entgegen weit verbreiteter Einschätzungen immer völlig duftlos. Sichtbare und geruchlich wahrnehmbare Markierungen verstärken sich in einer Blüte also gegenseitig: Position, Ausrichtung und Größe der Osmophoren folgt gewöhnlich den Farbmarkierungen der Kronblätter oder anderer Blütenbestandteile. Die für die Besucherlenkung angelegten visuellen und olfaktorischen Ausstattungen einer Blüte entsprechen sich somit nahezu perfekt.

Ebenso wie viele Blüten nur zu bestimmten Tageszeiten eine reiche Nektarausbeute in Aussicht stellen, ist auch die Aussendung von Düften durchaus eine tagesperiodische Werbemaßnahme. Besonders interessant erscheint in diesem Zusammenhang, wie sich manche Pflanzenarten auf die abendlichen oder gar nächtlichen Aktivitätsphasen ihrer Bestäuber eingestellt haben. Die Vertreter der Schmetterlingsfamilie Sphingidae (Schwärmer) sind – mit Ausnahme des Taubenschwänzchens (vgl. S. 197) – überwiegend nachtaktiv. Die von ihnen aufgesuchten und meist weißen oder zumindest sehr hellen Blüten sind tagsüber duftlos, senden aber mit dem Dämmerungsbeginn heftige Duftwolken aus.

Düfte kann man normalerweise nicht sehen, aber mit einem färberischen Trick sichtbar machen: Weiße Lichtnelke *(Silene latifolia)*.

Das Hüllblatt um den Blütenstand des Aronstabs *(Arum maculatum)* bildet im unteren Teil eine Kesselfalle.

Kidnapping mit Kesselfallen

Vor allem in den südlichen Breiten kommen etliche Pflanzenarten vor, die ihre Pollen tragenden Besucher buchstäblich in die Falle locken und dort zumindest zeitweilig arrestieren. In der heimischen Flora ist das eindrucksvoll beim Aronstab zu verfolgen. Sein Blütenstand ist von einem großen, tütenförmigen Hochblatt umschlossen, in das eine kolbenförmige Verlängerung der Blütenstandsachse hineinragt. Hier findet ein so intensiver Stoffwechsel statt, dass dieser Spadix genannte Teil fast immer um mindestens zehn Grad Celsius wärmer ist als die Umgebung. Gleichzeitig produziert er einen für unsere Nasen nicht gerade angenehmen Duft und setzt seine spezifische Note wärmebedingt besonders wirksam frei. Schmetterlingsmücken (Gattung *Psychoda*) finden diesen so unwiderstehlich, dass sie scharenweise herbeikommen, denn sie vermuten hier aufgrund des Kotgeruchs eine ergiebige Futterquelle für ihre Larven.

Sobald sie auf dem Hochblatt landen, gibt es kein Halten mehr. Auf seiner öligen und deshalb spiegelglatten Oberfläche rutschen sie geradewegs nach unten in die kesselförmige Falle. Versuche, der Falle zu entkommen, vereiteln einerseits die auch hier hemmungslos glatten Wände sowie die starren Reusenhaare am Kesseleingang. Erst wenn die vorweiblichen Narben durch mitgebrachten Pollen bestäubt sind, geht auch allmählich der Heizofen aus. Die Häftlinge sammeln sich dann gerne nahe beim Kesselausgang, wo es noch am längsten warm ist, und hier öffnen sich jetzt die männlichen Blüten. Nachdem sich die Inhaftierten erneut mit Pollen beladen haben, welken die Reusenhaare und geben den Weg nach draußen frei. Spätestens nach 24 Stunden hat die Inhaftierung ein gutes Ende gefunden – bis zum Besuch der nächsten Kesselfalle, die wieder so ungemein einladend nach Kot duftet.

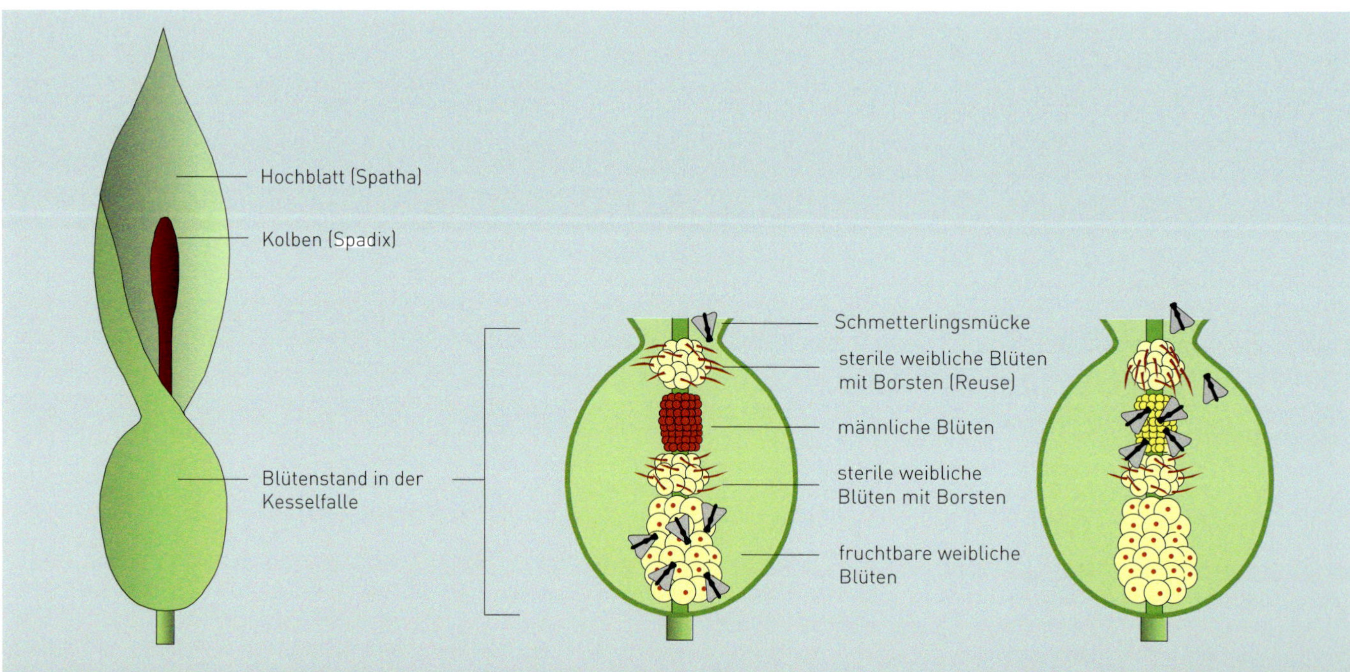

Die Kesselfalle des Aronstabs *(Arum maculatum)* – Kidnapping mit meist gutem Ausgang

Blumige Verführung

Hübsche, gut proportionierte Rundungen und angenehme Duftnoten verfehlen in der Männerwelt selten ihre spezifische Wirkung. So verwundert es vermutlich nicht, dass einige Pflanzenarten für die männliche Insektenwelt tatsächlich eine Art Peepshow veranstalten und diese auch noch durch Anmache mit der passenden Duftnote kombinieren.

Carl von Linné erwähnt in seiner 1745 erschienenen Reise nach «Öland und Gotland» auch die dort vorkommende und von ihm auch so benannte Orchideenart Fliegen-Ragwurz *(Ophrys insectifera)*. Nach seiner Schilderung sollen deren Blüten einer Fliege so täuschend ähnlich sehen, dass ein unkundiger Betrachter darin zwei oder mehr am Stängel sitzende Insekten vermutet. Diese Feststellung ist zwar etwas übertrieben, aber hat durchaus eine reale biologische Bewandtnis, die Linné freilich noch nicht bekannt war: Die *Ophrys*-Blüten imitieren in Gestalt und Duftproduktion tatsächlich ein Insektenweibchen und verführen damit die Männchen bestimmter Arten zu Begattungsversuchen, die natürlich in einer Pollenaufladung und nach erneut geglücktem Verführungsmanöver mit dem Pollenauftrag auf der Narbe enden. Diese Erkenntnis konnte sich allerdings erst langsam durchsetzen. Die ersten Nachrichten einer heftig vollzogenen Pseudokopulation von Männchen der Dolchwespe *Campsoscolica ciliata* auf der Blüte der Spiegel-Ragwurz (*Ophrys vernixia = O. speculum*) lieferte A. Pouyanne im Jahr 1917 von seinen Beobachtungen in Algerien und handelte sich damit eine Menge Ärger ein, denn für solcherart freizügige Storys war man damals noch zu verklemmt. Erst die 1961 erschienene umfassende Monografie des schwedischen Zoologen Bertil Kullenberg brachte endgültige Gewissheit und Anerkennung dieses blütenbiologisch einzigartigen Phänomens. Seit diesen Studien ist unzweifelhaft erwiesen, dass die *Ophrys*-Blüten perfekt wirkende Weibchen-Attrappen darstellen und überdies das spezifische Lockstoffrepertoire der beteiligten Insektenarten einsetzen.

Bei der heimischen Fliegen-Ragwurz sind die typischen Besucher natürlich keine Fliegen, sondern begattungsfreudige Männchen von Grabwespen, vor allem *Gorytes campestris* und *G. mystaceus*. Bei den anderen in (Mittel-)Europa vorkommenden *Ophrys*-Arten sind fast immer artspezifisch andere Hautflügler, vielfach Solitärbienen der Gattungen *Andrena* und *Eucera*. Arten der letzteren Gattung fühlen sich auch von der Spinnen-Ragwurz *(Ophrys sphegodes)* mächtig angezogen. Auch hier spielen Spinnen im Bestäubungsgeschäft natürlich keine Rolle – der Artname stammt aus einer Zeit, wo man die Ähnlichkeiten sehr naiv und oberflächlich wahrnahm.

Gerade das Beispiel der *Ophrys*-Arten und ihrer spezifischen Bestäubungspartner unter den Hautflüglern verdeutlicht nicht nur eine frappierende, auf engste Koevolution gegründete Abhängigkeit, sondern auch die damit verbundene Gefahr: Wenn ein Partner aus diesem Beziehungsgeflecht durch Standortveränderung beziehungsweise andere Umweltereignisse wegfällt oder auch noch seltener wird, kommt das Zusammenspiel zum Erliegen, wenn die betreffenden *Ophrys*-Arten nicht notfalls eine Selbstbestäubung einleiten. Das jedoch ist aus den bereits diskutierten genetischen Gründen mittelfristig eine durchaus problematische Panikreaktion.

Die Weibchen-Attrappe der Fliegen-Ragwurz *(Ophrys insectifera)* hat gewirkt: Ein hoffnungsfrohes Männchen der Grabwespe *(Gorytes* sp.*)* ist eingeflogen.

Bienen-Ragwurz *(Ophrys apifera)* mit Solitärbienenmännchen

Nachtasyl und Wärmeinsel

Die besonderen Angebote tierbestäubter Blüten beschränken sich nicht auf Beißfestes oder Trinkbares sowie auf schöne Düfte und verführerische Weibchen. Kurz zu streifen sind ferner ein paar weitere Wohlfahrtswirkungen, die in blütenökologischen Studien oft übersehen werden.

Schaut man sich frühmorgens mit einer Lupe in Blüten um, vor allem in glockigen oder nicht allzu engröhrigen Gestalten, trifft man dort häufig Kleinstinsekten an. Oft sind es Blattläuse, oft aber auch sehr kleine Käferarten oder ihre Larven und dazu auch Spinnen(tiere), die man offensichtlich im Schlaf überrascht hat. Tatsächlich suchen solche Kleinsttiere Blüten vor allem bei problematischer Witterung nicht ungern auf, weil sie hier ein Obdach finden. Für eine Bestäubungsleistung sind meist zu klein – sie bewegen sich völlig frei zwischen den Blütenorganen, ohne irgendeine nennenswerte Pollenauf- oder -abladung leisten zu können. Auch die sonstigen Nahrungsangebote einer Blüte bleiben eher ungenutzt, weil die Nachtasylanten überwiegend gänzlich andere Ernährungsgewohnheiten haben.

Bei den verschiedenen Unterarten des Alpen-Mohns *(Papaver alpinum)* sowie bei der ebenfalls alpin verbreiteten Silberwurz *(Dryas octopetala)* fällt die flachschalig ausgebreitete Blütenkrone aus. Tatsächlich erinnert sie in ihrer paraboloiden Formgebung an eine Satellitenschüssel – und erstaunlicherweise liegt der Primärfokus ungefähr an der Stelle, wo der potenzielle Blütenbesucher niederlässt. Genaueres Nachmessen hat die Vermutung bestätigt: Die Antennenform der Blütenkrone fängt bei diesen und vermutlich bei etlichen weiteren Arten die eventuell geringe Wärmeeinstrahlung am Hochgebirgsstandort ein und bündelt sie über der Blütenmitte. Besucherinsekten kommen und verweilen hier erwiesenermaßen zum Aufwärmen, denn im Fokalbereich liegen die Temperaturen bei bis zu zehn Grad Celsius über den Umgebungswerten. An den hochnordischen Standorten der Silberwurz wurde mit Zeitraffer-Aufnahmen dokumentiert, dass die Blüten dem Tagesgang der im arktischen Sommer nicht untergehenden Sonne mit wenigen Winkelgraden Abweichung nachdrehen. Offensichtlich nutzen sie den kurzen Sommer dieser Breiten und locken per Wärmeangebot die benötigten Bestäuber an. Das Nachdrehen der Blüten ist eine bemerkenswert ungewöhnliche Reaktion. Sonnenblumen, denen man diese Reaktion nachsagt, leisten sie tatsächlich nicht, obwohl sie in anderen Sprachen «Sonnendreher» heißen (ital. *girasole*, franz. *tournesoleil*).

In diesen Kontext gehört selbstverständlich auch die Funktion mancher Blüten beziehungsweise Blütenstände als Brutkammer beziehungsweise Kinderstube. Ein

Große Blüten mit engglockigen Röhren sind bei Kleinstinsekten ein beliebtes Nachtasyl.

ungewöhnliches und zudem ungemein kompliziertes Fallbeispiel sind die krugförmigen Blütenstände des Feigenbaums *(Ficus carica)* und deren Abhängigkeit von bestimmten Gallwespen. In der erlebbaren heimischen Flora spielt diese Art jedoch keine Rolle und kann daher im Hintergrund bleiben.

Stilblüten und Blütenstile

So wie man bei Kirchen und Profanbauten verschiedener Zeitstellung größere Unterschiede in Fassadengestaltung und Raumkonzept feststellen kann, lassen sich auch die Blumen verschiedenen Stilrichtungen zuordnen. Der verdienstvolle Münchner Blütenökologe Hans Kugler hat dazu schon in den 1930er-Jahren eine auch in der internationalen Fachliteratur bekannte blumige Stilkunde entwickelt, die in Teilen bereits in Familienbezeichnungen verankerte Begriffe wie Lippe und Rachen verwendet. Im Unterschied zu den Architekturepochen stellen die verschiedenen Blütenstile natürlich keine Chronologie dar – sie bestehen allesamt nebeneinander, und jedes Ökosystem überrascht mit einer größeren Auswahl davon. Wir begnügen uns hier mit einer kleinen orientierenden Übersicht – die in der lebenden Natur vorzufindende Vielfalt ist auch in dieser Hinsicht wieder viel erdrückender und lässt sich kaum auf nur wenige Schubladen verteilen, zumal es vielfach auch Stilkombinationen gibt.

Weit verbreitet sind die flachen Scheiben- oder wenig gewölbten Schalenblumen, wie sie vor allem bei den Korbblütengewächsen vorkommen. Dieser Formtyp ist in der heimischen Flora ziemlich häufig. Hierher gehören als Beispiele Vogel-Kirsche *(Prunus avium)* und andere Obstgehölze, Storchschnabel (*Geranium* spp.), Gänse-Fingerkraut *(Potentilla anserina)*, Hahnenfuß (*Ranunculus* spp.) und Linden (*Tilia* spp.). Deutlich enger wird es bei den Trichterblumen, in die fallweise auch relativ groß bemessene Blütenbestäuber wie die kräftigen Hummeln komplett hineinkriechen können – wie man es bei den Bechermalven *(Lavatera trimestris)* beobachten kann. Wesentlich beklemmender sind die Röhrenblumen, deren Kronenhauptteil mit allen wichtigen Funktionsgliedern tatsächlich nur aus einem schlauchartig engen Abschnitt besteht. Am oberen Ende sind jedoch die oft freien Kronblattzipfel ausgebreitet, damit die anfliegenden Pollenkuriere auch landen beziehungsweise sitzen können. Man kann sie auch als Kombination aus Scheibe mit Laufhorizont der Blütenbesucher und Röhre als Aufbewahrungsort für den Nektar. Diese besondere Gestaltung sieht man bei den treffend so bezeichneten Stieltellerblumen. Beispiele dafür sind Seidelbast *(Daphne mezereum)*, Flieder *(Syringa vulgaris)*, Liguster *(Ligustrum vulgare)*, Kuckucks-Lichtnelke *(Silene flos-cuculi)*, Vergissmeinnicht (*Myosotis* spp.) und viele Enziane (*Gentiana* spp., *Gentianella* spp.). Glockenblumen, zu denen nicht nur die Vertreter der gehören, hängen gewöhnlich – das hat unter anderem den enormen Vorteil, dass das Nektarangebot bei Regengüssen nicht unnötig verwässert. Den Gestaltungstyp Glocke findet man nicht nur bei den Vertretern der Gattung *Campanula*, sondern beispielsweise auch bei Tollkirsche *(Atropa bella-donna)*, Schachblume

Die meisten Lilien (hier *Lilium candidum*) verkörpern den Typ der Trichterblume.

Wirksame Landeplatzmarkierung beim Immenblatt *(Mellitis melissophyllum)*

Pinsel- oder Bürstenblumen sind in der heimischen Flora eher selten. Der Mittlere Wegerich *(Plantago media)* gehört dazu.

(Fritillaria meleagris), Stinkender Nieswurz *(Helleborus foetidus)*, Beinwell *(Symphytum officinale)* und Blaubeere *(Vaccinium myrtillus)* – allesamt Arten, die nicht näher miteinander verwandt sind.

Fahnenblumen sind unter anderem das Markenzeichen der arten- und typenreichen Schmetterlingsblütengewächse – ihr steil aufgerichtetes oberstes Kronblatt wirkt oft besonders plakativ. Als Formtyp Fahnenblume sind aber auch die Blüten von Gamander-Ehrenpreis *(Veronica chamaedrys)*, Hohler Lerchensporn *(Corydalis bulbosa)*, Kreuzblume *(Polygala chamaebuxus)* angelegt.

Bei den Lippenblumen im weitesten Sinne kann man mehrere Untertypen unterscheiden: Oft weisen sie eine ziemlich enge Kronröhre auf und bieten mit der großen Unterlippe einen superpraktischen Landeplatz für die Besucher wie etwas bei den Taubnesseln (*Lamium* spp.) oder beim Immenblatt *(Melittis melissophyllum)*. Als Lippenblumen gelten auch die Einzelblüten der Rosskastanie *(Aesculus hippocastanum)* oder des Augentrost *(Euphrasia rostkoviana)*, der in der bisherigen Systematik zwar zu den Rachenblütengewächsen gehörte, aber tatsächlich eine Lippenblume ausbildet. Bei den Rachenblumen sind die Kronröhren deutlich weiter und ermöglichen es dem Besucher wie beim Roten Fingerhut *(Digitalis purpurea)*, in die durchweg geräumige Höhle hinein zu kriechen. Bei den Maskenblumen ist der Eingang durch eine Kronblattaufwölbung der Unterlippe verschlossen – solche Blüten sind nur von kräftigen Insekten mit sanfter Gewalt zu öffnen wie bei den Leinkraut-Arten (*Linaria* spp.) und beim Löwenmäulchen

(Antirrhinum majus). Das solchermaßen gesicherte Angebot lockt allerdings Nektardiebe auf den Plan, die sich von rückwärts einen Zugang in die Krone knabbern.

Schließlich sind noch die eigenartigen Bürsten- beziehungsweise Pinselblumen zu erwähnen, bei denen die Kronblätter stark verkürzt und die Stielchen der meist zahlreichen Staubblätter enorm verlängert sind. In der heimischen Flora ist dieser Typ nicht allzu häufig. Beispiele sind die auf der Grenze zur Windblütigkeit stehenden Wiesenrauten (*Thalictrum* spp.), die Teufelskrallen (*Phyteuma* spp.), der Mittlere Wegerich *(Plantago media)* und die Gewöhnliche Waldrebe *(Clematis vitalba)*. In den Subtropen und Tropen ist der Anteil dieses Formtyps deutlich höher, denn in diesen Regionen sind sie meist auf Vogel- oder Fledermausbesuch eingerichtet.

Blumenkronen zeigen in Anpassung an ihre unterschiedlichen Bestäuber verschiedene Stilrichtungen. Typische Blumen mit besonderem Stil («Stilblüten») sind **1** Scheiben-/Schalenblume (Sternmiere, *Stellaria*), **2** Trichterblume (Winde, *Calystegia*), **3** Röhrenblume (Enzian, *Gentiana*), **4** Stieltellerblume (Kombination Schale/Röhre, Lichtnelke, *Silene*), **5** Glockenform (Glockenblume, *Campanula*); **6** Fahnenblume (Hornklee, *Lotus*), **7** Lippenblume (Taubnessel, *Lamium*), **8** Rachenblume (Fingerhut, *Digitalis*), **9** Maskenblume (Leinkraut, *Linaria*).

Einzelblüte des Wiesen-Storchschnabels *(Geranium pratense)*: formalästhetisch bestechend, auch für Insekten attraktiv und durch und durch funktional

Einladung an Auserwählte

Mit ihren Farbspektakeln und Duftinszenierungen, die so zuverlässig auf Augen und Nasen der Blüteninteressenten von der Arbeitsbiene bis zum Blumengartenfan zielen, unternehmen die tierbestäubten Blütenpflanzen enorme Werbefeldzüge für die eigene Sache: Zielgruppen sind aber nicht unterschiedslos alle auf Blüten als Nahrungsquelle spezialisierten Tiere, sondern immer nur ausgewählte Kundenkreise. Es ist fast wie im übrigen Leben: Die einen begeistern sich für ein Bistro, die anderen für ein einfaches Dorfgasthaus, und wieder andere schwärmen (auch) für ein Gourmetlokal. Ähnlich verhält es sich bei den Blüten. Aus ihrem Erscheinungsbild, Menü und den Öffnungszeiten kann man mit ein wenig Erfahrung und noch mehr gestützt auf die eigene vergleichende Beobachtung durchweg auf die zu erwartende Kundschaft schließen.

Nach dem erstmals von Hans Kugler entwickelten Konzept lassen sich die Blüten und Blumen trotz aller Vielfalt zu nur wenigen Formtypen zusammenfassen. Diese gestaltlich gut begründbaren Kategorien kann man nun mit Blick auf die Besucherkreise noch etwas lebendiger werden lassen und als Funktionstypen umschreiben – zugegebenermaßen mit einigen einschränkenden Kompromissen, die jede vereinfachende Schematisierung der Natur so mit sich bringt. In der heimischen Flora wären unter anderem neben Bienen-, Falter-, Fliegen- auch Käferblumen zu unterscheiden, in den Wärmegebieten der Erde zusätzlich Vogel- und Fledermausblumen. Form und Farbe bestimmen die Funktion. Die folgende kurze Übersicht mag dies anhand einiger markanter Beispiele näher erläutern:

- Bienen- beziehungsweise Hummelblumen finden sich unter den Scheiben (Apfel/*Malus sylvestris*), Glocken (Beinwell/*Symphytum officinale*), Rachen (Löwenmäulchen/*Antirrihinum majus*), Fahnen (Besenginster/*Cytisus scoparius*) und Röhren (Akelei/*Aquilegia vulgaris*). Oft sind sie zygomorph, bieten auf einer großen Unterlippe ideale Landemöglichkeiten und lassen wegen ihrer Kronengröße auch ein komplettes Eindringen der Besucher zu.
- Eine eigene Untergruppe bilden die Wespenblumen. Sie sind oft ebenfalls scheiben- oder schalenförmig, aber gänzlich anders gefärbt. Beispiele sind Braunwurz *(Scrophularia nodosa)*, Sumpfwurz *(Epipactis helleborine)* sowie Efeu *(Hedera helix)*.
- Auch Fliegenblumen sind überwiegend scheiben- bis schalenförmig, aber neben ihren eher trüben Färbungen mit eher unangenehmen Duftmerkmalen ausgestattet. Zu diesem Funktionstyp gehören viele Vertreter der Doldenblütengewächse, ferner Roter Hartriegel *(Cornus sanguinea)*, Sumpf-Herzblatt *(Parnassia palustris)* sowie Schwalbenwurz *(Vincetoxicum hirundinaria)*.

Formen und Farben bestimmen die Funktionstypen, auf die Bestäubergruppen fliegen.

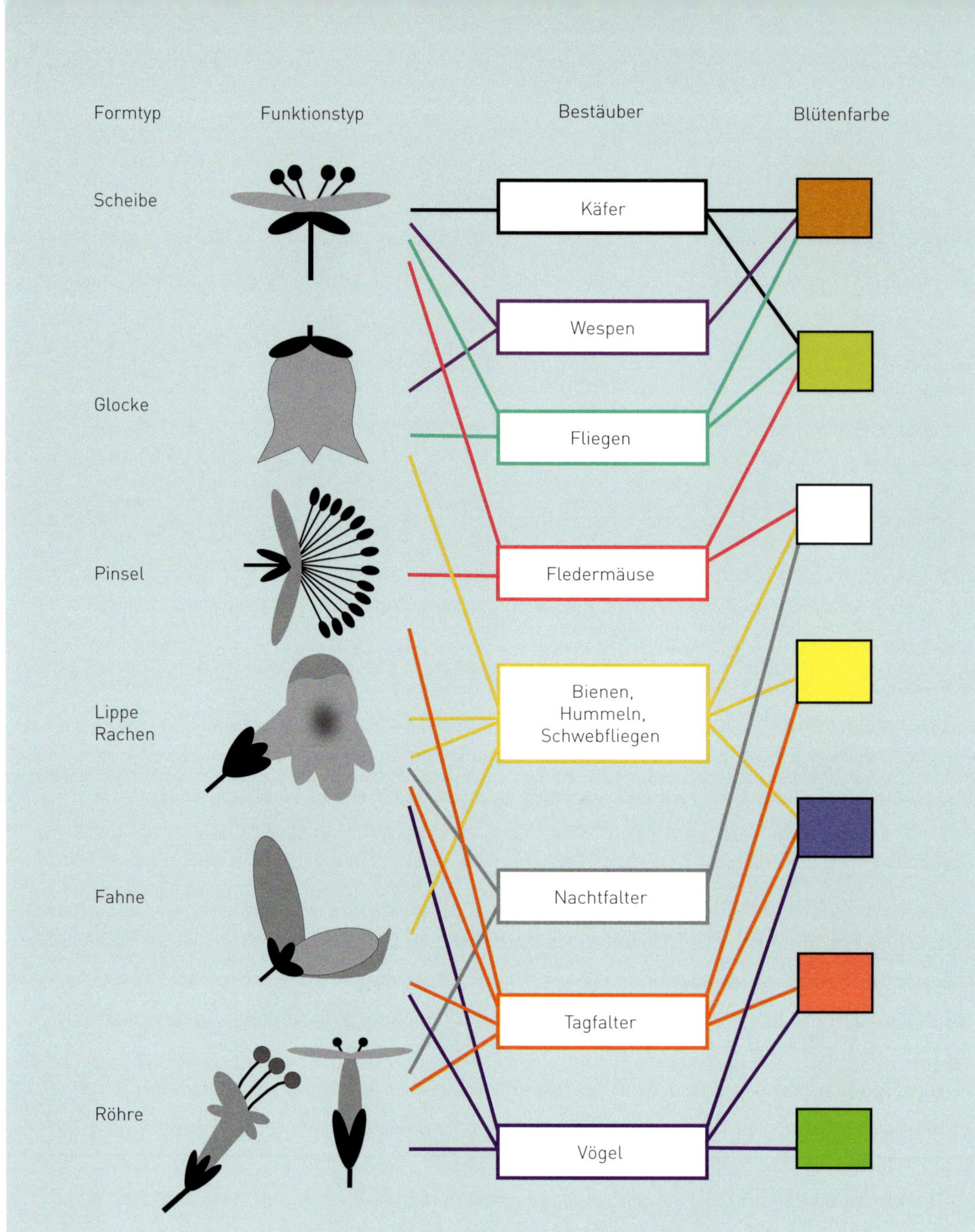

– Käferblumen sind fast immer Scheiben oder Schalen mit fruchtigem bis leicht fischigem Duft und frei zugänglichem Nektar. Erwähnenswerte Vertreter sind die meisten Arten der Doldenblütengewächse und unter den oft verwendeten Ziergehölzen der Feuerdorn *(Pyracantha coccinea)*.

- Tagfalterblumen sind überwiegend Röhren mit ausgebreiteten Kronblattzipfeln, die als Sitzplatz dienen. Klar bevorzugt werden kräftige Farbtöne, während die Duftnoten weniger bedeutsam sind. Beispiele sind Rote Lichtnelke *(Silene dioica)*, Wiesen-Schaumkraut *(Cardamine pratensis)*, Spornblume *(Centranthus ruber)*, Veilchen- (*Viola* spp.) und Nelkenarten (*Dianthus* spp.).
- Nachtfalterblumen richten sich ebenfalls nur an langrüsselige Schmetterlinge und sind deshalb überwiegend röhrig konstruiert. Sie blühen gewöhnlich erst gegen Abend auf und setzen auch dann erst ihre Duftproduktion in Gang. Meist sind sie weiß oder hellgelb, sodass sie auch in der Dämmerung oder im diffusen Mondlicht gut zu orten sind. Als Beispiele wären Nachtkerzen (*Oenothera* spp.), Flammenblume *(Phlox paniculata)*, Weiße Lichtnelke *(Silene latifolia)*, Zaun-Winde *(Calystegia sepium)*, Geißblatt *(Lonicera caprifolium)* und manche Orchideen wie die Waldhyazinthen (*Platanthera* spp.) anzuführen.
- Vogelblumen sind überwiegend kräftig rote oder auch schwarzviolette bis heftig gelb-rot-grün kontrastierende Röhren, Rachen und Bürsten, fallweise mit weit vorgestreckten Staubbeuteln und Narben. In Europa nicht heimische, aber bekannte Zierpflanzen, die in ihrer Heimat von Vögeln bestäubt werden, sind beispielsweise Weihnachtsstern *(Euphorbia pulcherrima)*, Kaiserkrone *(Fritillaria imperialis)*, Feuer-Salbei *(Salvia splendens)*, Blumenrohr *(Canna indica)*, Weihnachtskaktus *(Zygophyllum truncatum)*, Trompetenwinde *(Campsis radiata)* sowie Paradiesvogelblume *(Strelitzia reginae)*.
- Fledermausblumen schließlich zeichnen sich durch eine besonders weite Kronenöffnung aus oder sind als weite Schalen beziehungsweise Scheiben und oft mit Bürsten gestaltet. Auffällig ist die vielfach kräftige und sogar fleischige Blütenhülle, die das Einhaken und Festkrallen erleichtert, ohne dass der Rest der Blütenorgane ramponiert wird. Hauptblühphase ist abends oder nachts. Der dann verströmte starke Duft ist meist etwas säuerlich oder sogar muffig. Typische Arten dieser Kategorie sind Königin der Nacht *(Selenicereus regina-noctis)*, Bananen (*Musa* spp.), Glockenrebe *(Cobaea scandens)* und Affenbrotbaum *(Adansonia digitata)*.

Das Gesamterscheinungsbild einer Blüte ist also gleichsam eine Art Einladungskarte mit Programmansage. Die Gestaltmerkmale regeln den Zugang zu den Ressourcen. Nicht alle nahrungsspezialisierten Blütenbesucher kommen auf oder in jeder beliebigen Blütenform auf ihre Kosten, sondern die Natur hat hier durch wechselseitige Anpassung und Spartenbildung eine bewundernswerte Ressourcenaufteilung vorgenommen. Jeder findet seinen Futterplatz. Auch die Welt der Blüten besteht aus Teilen.

Nichts als Haare: vorgetäuschtes Pollenangebot bei der Schwarzen Königskerze *(Verbascum nigrum)*

Kundentäuschung mit Mogelpackung

Pollenkörner sind ein kostbares Gut, weil sie in den Blüten relativ umständlich hergestellt werden müssen. Auch der freigiebig angebotene Nektar ist recht wertvoll, weil seine Komponenten in der Fotosynthese der grünen Laubblätter entstehen und eventuell über längere Strecken zu den Nektarien fließen müssen. Angesichts dieser Gesamtenergetik ist im Prinzip auch schon einmal Sparsamkeit angesagt – aber am besten nicht um den Preis, vor den Blütenbesuchern dürftig aussehen zu müssen.

So finden sich bei vielen Blüten tatsächlich Muster und Strukturen, mit denen sie ihren Besuchern eine überaus lohnende Ausbeute in Aussicht stellen, aber eigentlich nicht viel zu bieten haben und eher Ätsch-Effekte erzeugen wie beim frustrierten Pawlow'schen Hund. Man könnte angesichts dieser Ausgangslage folgern, dass Pflanzen ihre Blütenbesucher täuschen und demnach betrügerisch vorgehen. Betrugsmanöver sind demnach keineswegs nur ein (strafrechtlich relevantes) Fehlverhalten von Menschen, sondern völlig unabhängig und viel früher auch in der Natur weithin üblich. Man denke nur an die Palette der immer wieder verblüffenden Tricks zur Tarnung und Warnung, die gesamten fast unglaublichen Inszenierungen zur Mimikry und Mimese. Biologisch nicht weniger reizvoll sind auch die Täuschungsmanöver der Blumen, die jeweils

Die Deutsche Schwertlilie *(Iris germanica)* lockt Besucher mit Staubblatt-Imitaten in den Blüteneingang.

Kroneneingang der Italienischen Ochsenzunge *(Anchusa azurea)*: Das Portal leuchtet hell mit vielen verlockenden Staubblatt-Attrappen, die aus Haaren bestehen.

einen potenziellen tierischen Partner narren. Entdeckt hat dieses Phänomen bereits der geniale Spandauer Schulmeister Christian Konrad Sprengel. In seinem Grundlagenwerk *Das entdeckte Geheimnis* von 1793 bezeichnet er die Knabenkraut-Arten der Gattungen *Orchis* und *Dactylorhiza* ausdrücklich als «Scheinsaftblumen», weil sie mit ihrem langen Sporn den Eindruck erwecken, mengenweise Nektar anzubieten, aber in Wirklichkeit völlig leere und trockene Typen sind. Ein Jurist würde ihnen also glatt eine Vortäuschung falscher Tatsachen vorwerfen. Eine ähnliche Situation findet sich bei den Vertretern der Leingewächse: Die hübschen Blüten vom Blauen Lein *(Linum perenne)* sehen von oben betrachtet aus wie die Patronenkammer eines Trommelrevolvers: Nur hinter zweien von den fünf Eingängen, die in die Tiefe des Kronentrichters führen, gibt es Nektarien. Mit einiger Wahrscheinlichkeit langt also der hoffende Saugrüssel ins Leere.

Bei den Königskerzen (*Verbascum* spp.) fällt die dichte, wollige Behaarung der oberen drei Staubblattfilamente auf – je nach Art weiß, gelb oder violett. Früher sprach man ihnen die Funktion von Futterhaaren zu, doch hat nie ein kritischer Beobachter überzeugend nachweisen können, dass sie auch tatsächlich von Blütenbesuchern an- oder weggeknabbert werden. Man versteht sie daher heute eher als gelungenen Werbegag

Die dunkelroten Flecken am Kroneneingang des Roten Fingerhuts *(Digitalis purpurea)* sind Antheren-Attrappen.

der Blüten: Sie versprechen mit diesem Erscheinungsbild unglaubliche, im Blütenzentrum angehäufte Pollenmengen. Erst nach der Landung sowie ganz aus der Nähe bemerkt der Besucher, dass er nach dem eher bescheidenen Pollenangebot intensiv suchen muss.

Bei vielen Blüten fallen auf den Kronblättern eigenartige Flecken auf. Solche Fleckenmale finden sich unter anderem beim Roten Fingerhut *(Digitalis purpurea)*, und zwar ausschließlich auf dem hinteren Vorderrand der glockigen Blütenkrone, den ein Besucher als erstes wahrnimmt. Die Flecken sehen so aus wie aufgemalte geöffnete Staubblätter und stellen tatsächlich erstaunlich wirksame Antherenattrappen dar. Wenn man die Fleckenmuster mit pinkfarbenem Korrekturlack übermalt, wirken die Blüten auf potenzielle Besucher gleich weniger attraktiv – direkt ablesbar an den signifikant zurückgehenden Anflugraten. Je nach Kronblattuntergrund dunkle oder helle Fleckenmale, die als Staubblattbilder zu deuten sind, finden sich auch bei vielen Vertretern der Nelken-, Lilien- und Orchideengewächse.

Der Freiburger Biologie Günter Osche hat Ende der 1970er-Jahre die bemerkenswerte Theorie entwickelt, wonach manche Blütenmale nicht nur als Wegweiser und Richtungsmarker dienen, sondern tatsächlich Pollen- und oder Staubblattrappen sind. Bei Küchenschelle *(Pulsatilla vulgaris)*, Frühlings-Anemone *(Anemone blanda)* und Himmelsleiter *(Polemonium coeruleum)* kontrastieren die tatsächlich zahlreich vorhandenen knallgelben Antheren sehr auffällig mit der kräftig blauen Blütenkrone und geben dem Besucher klar die Suchrichtung vor. Viele Schwertlilien (*Iris* spp.), nämlich alle Arten der Gattungssektion *Barbatae*, legen am Eingang zu jeder der drei Teilblüten einen hochflorigen gelben Teppich aus, der wie ein ausgedehntes Staubblatt-Feld wirkt, aber nur aus langen und somit unergiebigen Haaren besteht. Pollen und Nektar gibt es an einer ganz anderen Stelle. Man könnte also sagen, in der Schaufensterauslage solcher Blüten liege nur eine Attrappe, während die eigentliche Ware im Hinterzimmer gehandelt wird. Das geht sogar soweit, dass die plakative Ansage auf den Kronblättern nur noch ein kräftig gelbes Farbmal ist, das stellvertretend für das – meist recht überschaubare – Angebot an einer versteckten Stelle der Blüte steht. Es kann flächig ausgebildet sein wie bei der Blauen Lobelie *(Lobelia erinus)*, aber auch wulstig und vorspringend wie bei den grell gelben Lippen der Leinkraut-Arten (*Linaria* spp.) oder den Löwenmäulchen *(Antirrhinum majus)*.

Unter dem Stichwort «Täuschblumen» vermerkt die pflanzliche Kriminalstatistik noch viele weitere kurios bis unglaublich anmutende Fälle. Die meisten Fallbeispiele betreffen tropische Arten, die der Beobachtung nicht so ohne Weiteres zugänglich sind. Ein Besuch in den Gewächshäusern eines gut sortierten Botanischen Gartens könnte aber auch zu dieser Thematik Unterhaltsames beisteuern.

Geschlechterverteilung bei den Blütenpflanzen:
1 monoklin/zwittrig: Apfelbaum *(Malus)*,
2 diklin einhäusig (mónözisch): Rot-Buche *(Fagus)*,
3 diklin zweihäusig (diözisch): Weide *(Salix)*;
4 andromonözisch: Mädesüß *(Filipendula)*,
5 gynomonözisch: Kornblume *(Centaurea)*,
6 gynodiözisch: Sternmiere *(Stellaria)*,
7 trimonözisch: Rosskastanie *(Aesculus)*,
8 triözisch: Esche *(Fraxinus)*.

Ein wenig Verhütungsbiologie

Bereits dem großartigen Forscher Charles Darwin (1809–1882) war als grundlegendes Ergebnis seiner viele Jahre lang betriebenen blütenbiologischen Untersuchungen klar, dass Selbstbestäubung mit anschließender Selbstbefruchtung fast immer die Ausnahme ist und allenfalls in der Phase der Torschlusspanik toleriert wird, wenn aus irgendwelchen Gründen ein Bestäuber ausblieb. Folglich muss es Mechanismen geben, die den illegitim kurzen Weg von den Staubbeuteln zur Narbe der eigenen (Zwitter-) Blüte wirksam unterbinden. Die Natur hat hierzu verschiedene Möglichkeiten entwickelt und optimiert.

Das sicherste Mittel ist die zuverlässige räumliche Trennung – das Männerkloster befindet in einsamer Lage fernab vom nächsten Frauenkonvent. Zweihäusige Arten mit eingeschlechtigen Blüten sind bei den windbestäubten Arten relativ häufig, bei den tierbestäubten aber eher selten. Das Verfahren der Eingeschlechtigkeit (oft mit jeweils unterdrücktem anderem Geschlecht: männliche Blüten weisen einen kryptischen, nicht funktionierenden Fruchtknoten auf und umgekehrt) findet sich beispielsweise bei den

Die Rote Lichtnelke *(Silene dioica)* ist eigentlich unecht zweihäusig: Am Kronengrund der funktionell weiblichen Blüte sitzen unentwickelte Staubblätter.

Lichtnelken (*Silene* spp.). Außer den klassischen Fällen der Ein- und Zweihäusigkeit überrascht die heimische Flora mit einer ganzen Reihe weiterer Verteilungsmöglichkeiten.

Mindestens so zuverlässig bleibt eine Selbstbestäubung ausgeschlossen, wenn die männlichen und die weiblichen Funktionsbereiche einer Zwitterblüte zu unterschiedlichen Zeitpunkten heranreifen. Dichogamie nennt die Fachsprache dieses Verfahren, dass praktisch einer Zweihäusigkeit entspricht – die betreffenden Blüten sind im Prinzip sogar transsexuell: Wenn die Antheren aufbrechen und ihre Pollenpracht präsentierten, ist die Blüte funktionell männlich. Zu diesem Zeitpunkt sind die Narben noch fest verschlossen und gänzlich außer Betrieb. Erst nach ein paar Tagen ändert sich das Bild: Die ausgeleerten Staubbeutel sind abgefallen oder hängen schlaff herunter, und jetzt

Links: Blutroter Storchschnabel *(Geranium sanguineum)* im funktionell männlichen Zustand: Die Narben sind nicht zu sehen.

Rechts: Nach wenigen Tagen wandelt sich das Bild: Die entleerten Staubbeutel liegen an der Erde, die Narben haben sich entfaltet.

Links: Geschlechtsumwandlung beim Schmalblättrigen Weidenröschen *(Epilobium angustifolium)*: Solange die Staubbeutel noch prall gefüllt sind, hält sich die Narbe geschlossen im Hintergrund.

Rechts: Sind die Staubbeutel leer, schiebt sich der lange Griffel nach vorne und entfaltet seine Narbe.

Bei den Primeln (*Primula vulgaris*-Hybriden) erkennt man im Blüteneingang entweder die rundliche Narbe ...

... oder die Spitzen der Staubblätter.

kommt der Einsatz der Narbe. Sie streckt sich und nimmt den Pollen von anderen Individuen gerne entgegen. Dieses raffinierte Verfahren, bei der die männliche Phase der weiblichen vorwegeilt und die Zwitterblüte folglich proterandrisch (vormännig) arbeitet, findet man bei den Storchschnabel-Arten (*Geranium* spp.), bei den Malven (*Malva* spp.) und bei den Weidenröschen (*Epilobium* spp.). Vorweibigkeit (Protogynie) mit umgekehrter Abfolge der Dienstzeiten kommt in der heimischen Natur ebenfalls vor, beispielsweise bei der Nelkenwurz *(Geum urbanum)*, ist aber deutlich seltener.

Einen besonders bemerkenswerten Fall zur Sicherung der Fremdbestäubung zeigen die heimischen Primelarten (*Primula* spp.). Ihre Blüten gibt es in zwei Bauvarianten: Entweder sind die Staubblätter lang gestielt und die Griffel sehr kurz oder umgekehrt. Im engröhrigen Blüteneingang der bunten Primelhybriden, die schon im zeitigen Frühjahr überall auf den Blumenmärkten auftauchen, sieht man also entweder die Spitzen der fünf Antheren oder die kreisrunde, scheibenförmige Narbe. Eine erfolgreiche Pollenübertragung ist nur zwischen längengleichen Individuen möglich. Heterostylie (genauer: Diheterostylie) nennt man dieses ausgeklügelte Arrangement. Manchmal wird es auch einfach als Heteromorphie zitiert. Bei dem an Gewässerrändern häufigen Blutweiderich *(Lythrum salicaria)* kommen sogar drei verschiedene Griffel- beziehungsweise Filamentlängen vor – er ist demnach also triheterostyl.

Die Übertragungssperre bei den heterostylen Arten führt uns abschließend zu einem wichtigen, aber komplexen und deswegen hier nur nachrichtlich zu erwähnenden Sachverhalt: Allein mit der Ablage eines Pollenkorns auf einer empfängnisbereiten Narbe ist es nicht getan. Bevor der Pollenschlauch sozusagen die Lizenz erhält, auszukeimen und sich durch das Griffelgewebe in Richtung Samenanlage zu vertiefen, finden auf der molekularen Ebene intensive Zell-Zell-Identitätsprüfungen statt. Nach dem Pollenauftrag geht es also nur dann weiter, wenn die zusammengetroffenen Kompatibilitätsgene die Keimlizenz geben beziehungsweise wenn auch in diesem Fall die Chemie stimmt.

Das faszinierende Feld der Blütenbiologie ist mit der erfolgreich vollzogenen Bestäubung mit dem passenden arteigenen Pollen natürlich noch nicht zu Ende. Auch die Blume nach der Blüte ist ein spannendes Thema – wenn sie für die Ausbreitung von Früchten beziehungsweise Samen entweder erneut die klassischen Routen Wasser und Wind einsetzt oder wiederum die Mithilfe hungriger Tiere in Anspruch nimmt. Aber das ist eine ganz andere Geschichte.

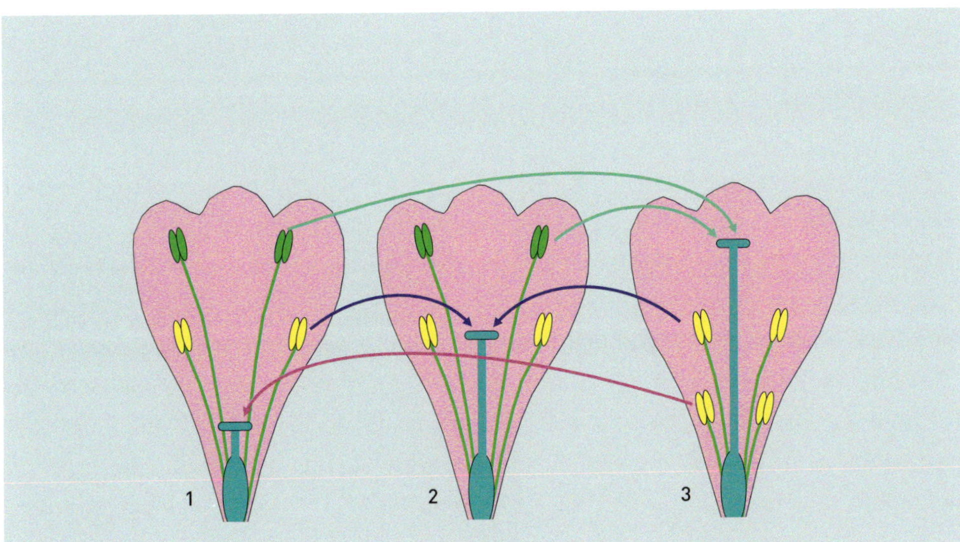

Triheterostylie beim Blut-Weiderich *(Lythrum salicaria)*: Die kurzgriffelige Form (1) besitzt 6 mittellange Staubblätter mit gelbem Pollen und 6 lange mit grünlichem. Davon sind jeweils nur 2 dargestellt. Bei der mittelgriffeligen Form (2) liegen die gleichen Staubblattverhältnisse vor. Bei der langgriffeligen Form (3) sind die Pollenkörner der kurzen und der mittellangen Staubblätter unterschiedlich groß. Eine kompetente Pollenübertragung ist nur zwischen den Elementen gleicher Länge möglich.

Auch nach der Blüte bleibt es spannend, denn in jedem Ende steckt einer neuer Anfang: Pusteblume vom Löwenzahn mit startklaren Früchten

Ausgewählte Literatur

Abrol, D. P. (2012): Pollination Biology. Biodiversity Conservation and Agricultural Production. Heidelberg: Springer

Alcock, J. (2006): An Enthusiasm for Orchids. Sex and Deception in Plant Evolution. Oxford University Press

Barth, F. G. (1982): Biologie einer Begegnung. Die Partnerschaft der Insekten und Blumen. Stuttgart: DVA

Baumann, P. & Baumann, K.-H. (1988): Das Geheimnis der Orchideen. Hamburg: Hoffmann und Campe

Bentley, B. & Elias, T. (Hrsg.) (1983): The Biology of Nectaries. New York: Columbia University Press

Bellmann, H. (1995): Bienen, Wespen, Ameisen. Hautflügler Mitteleuropas. Stuttgart: Franckh-Kosmos

Bertsch. A. (1975): Blüten – lockende Signale. Ravensburg: Otto Maier

Biedermann, H. (2004): Knaurs Lexikon der Symbole. München: Droemersche Verlagsanstalt

Bonn, S. & Poschlod, P. (1998): Ausbreitungsbiologie der Pflanzen Mitteleuropas. Wiesbaden: Quelle & Meyer

Brackenbury, J. (1995): Insects and Flowers. A Biological Partnership. London: Blandford

Buchmann, S. L. & Nabban, G. P. (1996): The Forgotten Pollinators. Washington: Shearwater Books

Burr, B. & Barthlott, W. (1993): Untersuchungen zur Ultraviolettreflexion von Angiospermenblüten II. Magnoliidae, Ranunculidae, Hamamelididae, Caryophyllidae, Rosidae. Reihe Tropische und Subtropische Pflanzenwelt Mathematisch-Naturwissenschaftliche Klasse. Akademie der Wissenschaften und der Literatur, Mainz, Nr. 87, S. 1–193

Cammerloher, H. (1931): Blütenbiologie I. Sammlung Borntraeger Bd. 15. Berlin: Borntraeger

Cingel, N. A. van der (1995): An Atlas of Orchid Pollination. European Orchids. Rotterdam: A. A. Balkema Publ.

Dafni, A. & Eisikowitch, D. (Hrsg.) (1990): Advances in Pollination Ecology. Jerusalem: The Weizmann Science Press of Israel

Dafni, A. & al. (Hrsg.) (2000): Pollen and Pollination. Wien, New York: Springer

Dafni, A. (1992): Pollination – A Practical Approach. Oxford: Oxford University Press

Dahlgren, G. (Hrsg.) (1987): Systematische Botanik. Heidelberg: Springer

D'Arcy, W. G. & Keating, R. C. (Hrsg.) (1996): The Anther. Form, Function, Phylogeny. Cambridge: Cambridge University Press

Dobat, K. & Peikert-Holle, T. (1985): Blüten und Fledermäuse (Chiropterophilie). Frankfurt a. M.: Waldemar Kramer

Düll, R. & Kutzelnigg, H. (2011): Taschenlexikon der Pflanzen Deutschlands und angrenzender Länder. Die häufigsten mitteleuropäischen Arten im Porträt. 7. Auflage. Wiebelsheim: Quelle & Meyer

Endress, P. K. (1996): Diversity and Evolutionary Biology of Tropical Flowers. Cambridge: Cambridge University Press

Faegri, K. & Pijl, L. van der (1979): The Principles of Pollination Ecology. 3. Auflage. Oxford: Pergamon Press

Flindt, R. (2000): Biologie in Zahlen. Eine Datensammlung in Tabellen mit über 10 000 Einzelwerten. Heidelberg: Spektrum

Franck, H. (1907): Blütenbiologie der Heimat. Leipzig: Quelle & Meyer

Frohne, D. & Jensen, U. (1998): Systematik des Pflanzenreichs. 5. Auflage. Stuttgart: Wissenschaftliche Verlagsgesellschaft

Greyson, R. H. (1994): The Development of Flowers. New York: Oxford University Press

Hemenway, P. (2008): Der geheime Code. Die rätselhafte Formel, die Kunst, Natur und Wissenschaft bestimmt. Köln: Evergreen

Heß, D. (1990): Die Blüte. 2. Auflage. Stuttgart: Ulmer

Heß, D. (2005): Systematische Botanik. Stuttgart: Ulmer

Hesse, M. & al. (2009): Pollen Terminology. An Illustrated Handbook. Wien: Springer

Hesse, M. & Ulrich, S. (2012): Erstaunliche Schönheit, verblüffende Vielfalt: Pollen. Biologie in unserer Zeit 42, S. 35–41

Heywood, V. H. & al. (2007): Flowering Plant Families of the World. Kew: Royal Botanic Gardens

Hintermeier, H. & M. (2002): Bienen, Hummeln, Wespen im Garten und in der Landschaft. München: Obst- und Gartenbauverlag

Huber, H. (1991): Angiospermen. Leitfaden durch die Ordnungen und Familien der Bedecktsamer. Stuttgart: Fischer

Kalusche, D. (1996): Ökologie in Zahlen. Eine Datensammlung in Tabellen mit über 10 000 Einzelwerten. Stuttgart: Fischer

Kearns, C. A. & Inouye, D. W. (1993): Techniques for Pollination Biologists. Niwot, Colorado: University Press of Colorado

Knoll, F. (1956): Die Biologie der Blüte. Berlin: Springer

Knuth, P. (1894): Grundriss der Blüten-Biologie. Zur Belebung des botanischen Unterrichts sowie zur Förderung des Verständnisses für unsere Blumenwelt. Kiel: Lipsius & Tischer

Knuth, P. (1898): Handbuch der Blütenbiologie. Band I. Leipzig: Engelmann

Kremer, B. P. & Bannwarth, H. (2008): Pflanzen in Aktion erleben. Baltmannsweiler: Schneider Verlag Hohengehren

Kremer, B. P. & Oftring, B. (2012): NaturGenies. Die verblüffenden Tricks der Pflanzen und Tiere. Berlin: Nicolai

Kugler, H. (1970): Blütenökologie. 2. Auflage. Stuttgart: Fischer

Leins, P. & Erbar, C. (2008): Blüte und Frucht. Morphologie, Entwicklungsgeschichte, Phylogenie, Funktion, Ökologie. 2. Auflage. Stuttgart: E. Schweizerbart'sche Verlagsbuchhandlung

Lloyd, D. G. & Barrett, S. C. H. (Hrsg.) (1995): Floral Biology. Studies on Floral Evolution in Animal-Pollinated Plants. New York: Chapman & Hall

Loew, E. (1895): Einführung in die Blütenbiologie auf historischer Grundlage. Berlin: F. Dümmlers Verlagsbuchhandlung

Lunau, K. (2011): Warnen, Tarnen, Täuschen. Mimikry und Nachahmung bei Pflanze, Tier und Mensch. Darmstadt: Wissenschaftliche Buchgesellschaft

Lüttig, A. & Kasten, J. (2003): Hagebutte & Co. Blüten, Früchte und Ausbreitung europäischer Pflanzen. Nottuln: Fauna

Mägdefrau, K. (1992): Geschichte der Botanik. Leben und Leistung großer Forscher. 2. Auflage. Stuttgart: Fischer

Mani, M. S. & Saravanan, J. M. (1999): Pollination Ecology and Evolution in Compositae (Asteraceae). Enfield, New Hampshire, USA: Science Publishers

Maurizio, A. & Schaper, F. (1994): Das Trachtpflanzenbuch. Nektar und Pollen – die wichtigsten Nahrungsquellen der Honigbiene. München: Ehrenwirth

Meeuse, B. & Morris, S. (1984): Sexualität und Entwicklung der Pflanzen. Köln: DuMont

Napp-Zinn, K. (1959): Mißbildungen im Pflanzenreich. Stuttgart: Kosmos

Nicolson, S. W. & al. (2007): Nectaries and Nectar. Heidelberg: Springer

Nuridsany, C. & Pérennau, M. (1997): Wunderbare Verwandlung. Knospe, Blüte, Frucht. Hildesheim: Gerstenberg

Osche, G. (1979): Zur Evolution optischer Signale bei Blütenpflanzen. Biologie in unserer Zeit 9, S. 161–170

Osche, G. (1983): Optische Signale in der Coevolution von Pflanze und Tier. Beiträge der Deutschen Botanischen Gesellschaft 96, S. 1–27

Overy, A. (2000): Sex im Garten. Die raffinierten Verführungskünste der Pflanzen. München: Mosaik

Pijl, L. van der (1982): Principles of Dispersal in Higher Plants. Berlin, Heidelberg, New York: Springer

Proctor, M. & al. (1996): The Natural History of Pollination. London: Harper & Collins

Ricklefs, R. E. (1997): The Economy of Nature. New York: W. H. Freeman

Sazima, I. & al. (1996): An assemblage of hummingbird pollinated flowers in a montane forest in Southeastern Brazil. Botanica Acta 109, S. 149–160

Schoenichen, W. (1911): Blütenbiologie. Stuttgart: Strecker & Schröder

Schwerdtfeger, M. (1996): Die Nektarzusammensetzung der Asteridae und ihre Beziehung zu Blütenökologie und Systematik. Dissertationes Botanicae, Band 264. Berlin: Cramer in der Gebr.-Borntraeger-Verlags-Buchhandlung

Sersic, A. N. (1996): A remarkable case of ornithophily in *Calceolaria*. Botanica Acta 109, S. 172–176

Shivanna, K. R. & Rangaswamy, N. S. (1992): Pollen Biology. A Laboratory Manual. Berlin, Heidelberg, New York: Springer

Stanley, R. G. & Linskens, H. F. (1985): Pollen. Biologie, Biochemie, Gewinnung und Verwendung. Greifenberg: Freund

Tautz, J. (2007): Phänomen Honigbiene. Heidelberg: Spektrum

Vogel, S. (1962): Duftdrüsen im Dienste der Bestäubung. Über Bau und Funktion der Osmophoren. Abhandlungen der Mathematisch-Naturwissenschaftlichen Klasse. Akademie der Wissenschaften und der Literatur, Nr. 10, Mainz: Verl. d. Akademie d. Wissenschaften u. d. Literatur, S. 1–165

Vogel, S. (1986): Ölblumen und ölsammelnde Bienen. Zweite Folge. Lysimachia und Macropis. Reihe Tropische und Subtropische Pflanzenwelt. Mathematisch-Naturwissenschaftliche Klasse. Akademie der Wissenschaften und der Literatur, Nr. 54, S. 1–168

Vogel, S. (1990): Ölblumen und ölsammelnde Bienen. Dritte Folge. Reihe Tropische und Subtropische Pflanzenwelt. Mathematisch-Naturwissenschaftliche Klasse. Akademie der Wissenschaften und der Literatur, Nr. 73, S. 1–150

Vogel, S. (1990): The Role of Scent Glands in Pollination. On the Structure and Function of Osmophores. Rotterdam: A. A. Balkema

Vogel, S. (1993): Betrug bei Pflanzen: Die Täuschblumen. Abhandlungen der Mathematisch-Naturwissenschaftlichen Klasse. Akademie der Wissenschaften und der Literatur, Nr. 1, S. 1–48

Weberling, F. (1981): Morphologie der Blüten und Blütenstände. Stuttgart: Ulmer

Westerkamp, C. (1990): Bird flowers – hovering versus perching exploitation. Botanica Acta 103, S. 323–434

Westerkamp, C. (1996): Pollen in bee-flower relations. Botanica Acta 109, S. 323–331

Willemstein, S. C. (1987): An Evolutionary Basis for Pollination Ecology. Leiden Botanical Series 10, S. 1–425

Worgitzky, G. (1924): Blütengeheimnisse. Eine Blütenbiologie in Einzelbildern. Leipzig: Teubner

Yeo, P. F. (1993): Secondary Pollen Presentation. Form, Function and Evolution. Plant Systematics and Evolution Suppl. 6. Wien, New York: Springer

Zizka, G. & Schneckenburger, S. (Hrsg.) (1995): Blütenökologie – faszinierendes Miteinander. Frankfurt a. M: Waldemar Kramer

Bildnachweis

August, Sylvia: Seite 112 [unten]
Hachtel, Monika: Seite 179
Hecker, Frank: Seiten 152 [rechts], 153, 155, 159, 160/161, 162/163, 167, 168, 170, 171, 181, 186–188, 194/195, 204 [rechts], 218
Hesse, Michael/Verein zur Förderung der palynologischen Forschung in Österreich: Seite 138
Janke, Klaus: Seiten 192/193
Lauber, Konrad: Seiten 44, 48, 51 [rechts]
Schmidt, Karin/Forschungsinstitut Senckenberg: Seite 46
Storch, Volker: Seite 139
Tuttle, Merlin D/Bat Conservation International, www.batcon.org: Seite 158

Alle anderen Fotos und Grafiken vom Verfasser

Register

Aasgeruch 110
Acacia-Arten 178
Acer platanoides 182
Aceras anthropophorum 99
Achsen 74
Ackerflur, bunte 197
Acker-Gauchheil 203
Acker-Stiefmütterchen 19
Acker-Veilchen 77, 203
Aconitum spp. 185
Adlerfarn 178
Adonis aestivalis 204
Adonisröschen, Sommer- 204
Adoxa moschatellina 78
Adoxaceae 79
Aesculus hippocastanum 103, 207, 222
Affen-Orchis 99
Affodil 64
Agave 113
Agave americana 113
Ageratum sp. 109
Agrostemma githago 67, 204
Ahorn, Spitz- 182
Ähre 92
Akelei 21, 77, 185, 189
Alcea rosea 52, 208
Allium sp. 64
Allogamie 124
Alpen-Rose 203
Alternanzregel 75
Alternanzwinkel 75
Amorphophallus titanum 110
Anagallis arvensis 203
Anagallis foemina 90, 91
andromonözisch 231
Andrözeum 63
Anemone blanda 59, 230
Anemone japonica 18
Anemone, Frühlings- 230
Anemone, Herbst- 18
Anemphilie 125
Angiospermae 49
Angiospermenblüte 63
Anthere 63
Antheren-Architektur 132
Antheren-Attrappe 230
Anthericum liliago 91
Antheridium 40, 42
Anthese 71
Anthocyane 198, 200, 201
Anthophora pilipes 186
Antipoden 70
Antirrhinum majus 230
apert 78
Aperturen 138
Apis mellifica 169
Äquidistanzregel 75
Äquidistanzwinkel 75
Aquilegia spp. 185, 189
Aquilegia vulgaris 21, 77
Archaefructus 46
Archegonium 40, 42
Aronstab 214, 216
Arrhenaterum elatius 140
Artenfülle 90
Arum maculatum 214, 216
Asphodelus sp. 64
Asplenium phyllitis 41
Asplenium ruta-muraria 40
Asplenium trichomanes 38, 43
Aster 108
Aster tripolium 192
Aster, Salz- 192
asymmetrisch 98
atrors 132
Aufsteiger 46
Augentrost 222
Ausflugslokal 179
Aushängeschild 197
Autogamie 123
Azaleen 136

Balkan-Windröschen 59
Bärenklau, Riesen- 111, 113
Bärenklau, Wiesen- 207
Bärlapp, Keulen- 45
Bechermalve 221
Bedecktsamer 49
Begriffsvergleich 48
Beinwell 77, 187
Bellis perennis 98
Bellis sp. 108
Berberis thunbergii 172
Berberis vulgaris 77
Berberitze 77, 172
Berg-Flockenblume 118, 176
Berg-Gamander 89
Berg-Kiefer 140, 141
Bernoulli, Jakob 81
Bernstein 168
Besenginster 22, 173
Bestäubergruppen 226
Bestäuberinsekten 155
Bestäubertiere 155
Bestäubung, abiotische 125
Bestäubungstropfen 144, 149
Besucherlenkung 197
Betacyane 201
Betalaine 198, 200, 201
Betaxanthine 201
Bete, Rote 199
Bienenbein 152
Bienenblume 225
bilateral 94
Binsengewächse 130
Birke 130
Birnbaum 178
Blattnatur 61
Blattorgane 62
Blattstellung 72
Blauglockenbaum 55
Blaustern 94
Blümchensex 66
Blume oder Blüte 52
Blumen 34
Blumenkohl, Romanesco- 29
Blumenstrauß 91
Blumensymbolik 21
Blutauge, Sumpf- 167
Blüte oder Blume 52
Blüte, Definition 45
Blüte, offenschalige 182
Blüten, gefüllte 104
Blütenarchitektur 53
Blütenbauteile 63
Blütenbesucher 151
Blütenblätter 61
Blütenboden 63
Blütendiagramm 76
Blütendrehung 103
Blütenduft 212
Blütenfarbe 197
Blütenfossilien 46
Blütengeschlecht 33
Blütengrundrisse 76
Blütenhülle 61, 63
Blütenköpfe, gefüllte 108
Blütenkorb 208
Blütenmal-Typen 209
Blütenorgane, innere 68
Blütenpflanzen 49, 90
Blütenpicker 158
Blütenstände 91, 92, 108
Blütenstände, einfache 92
Blütenstände, verzweigte 92
Blütenstände, zusammengesetzte 92
Blütenstaub 68
Blütenstile 221
Blütensymmetrie 94
Blütenweiß 198
Blütenzellen, bunte 200
Blutweiderich 234, 235
Bock, Hieronymus 24
Bombus ternarius 186
Bombus terrestris 171, 204
Bombus terricola 186
Botanik 12
Bourbonen-Lilie 22
Brassica 94
Brassica napus 77
Braun, Alexander 72
Braunwurz 132
Breitsame 206, 207
Brown, Robert 28
Brunfels, Otho 24
Burgmauerbewohner 36
Bürstenmechanismus 176
Buzz pollination 177

Calceolaria tripartita 190
Calendula officinalis 108
Calyx 62
Camerarius, Rudolf Jacob 26
Campanula sp. 77
Campanula spp. 175, 221
Cantharis spp. 151
Cardamine 78
Carotenoide 198, 200, 201
Carpellum 68
Carpobrotus sp. 199

Catalpa spp. 207
Centaurea montana 118, 176
Centranthus ruber 98
Centunculus minimus 110
Ceratophyllum spp. 127
Cercis siliquastrum 78
Ceres 14
Cetonia aurata 167
Chamomilla sp. 109
Chlodwig 22
Chloroplast 200
Cichorium intybus 109, 161
cochleat 78
Code, geheimer 81
Colchicum autumnale 64, 113
Comarum palustre 167
Consolida regalis 203
contort 78
Convolvulus tricolor 203
Coreopsis sp. 209
Corolla 62
Corydalis lutea 77
Corydalis spp. 103
Corylus avellana 140, 143, 148
Cotoneaster horizontalis 79
Crocus chrysanthus 13, 73
Cycadeen 49
Cymbalaria muralis 43, 196
Cyperaceae 130
Cytisus 22
Cytisus scoparius 173

dachziegelig 78
Dahlie 108
Daphne mezereum 221
Darwin, Charles 28, 186, 231
Deckung der Blütenblätter 78
Dekorationsstück 108
Dianthus carthusianorum 196
Dicentra spectabilis 98, 99
Dichasium 92
Dichogamie 232
Digitalis purpurea 77, 103, 222, 230
diklin 231
diözisch 231
Diplophase 42
Diskus 183
disymmetrisch 94, 97, 98
Diterpene 212
Dolde, einfache 92
Dolde, zusammengesetzte 92
Doldenrispe 92
Domänen-Konzept 37
Doppelbestäubung 152, 154
dorsifix 132
Dreieck, pythagoreisches 83
Dreifurchen-Pollenkorn 139
Dryas octopetala 219
Düfte 192
Duftmuster 213
Duftvisualisierung 215
Duftwahrnehmung 212

Echinacea purpurea 208
Echium vulgare 187
Ehrenpreis 78, 208
Eiche 130
Eichler, Wilhelm 76
Einbruchspuren 189
Einfurchen-Pollenkorn 139
Einzelblüte 91, 108
Eisenhut 185
Eizelle 70
Eizell-Pollenkorn-Relation 167
Elefant, Indischer 159
Elodea nutallii 129
Elsbeere 60
Embryo 149
Embryologie 45
Embryosack 48, 69, 149
Embryosackkern, sekundärer 70
Endothecium 134
Entzauberung 29
Enzian-Arten 78, 221
Epilobium angustifolium 77, 103, 233
Epipactis helleborine 65
Episyrphus balteatus 161
Equisetum telmateja 39
Eranthis hyemalis 184
Erdhummel 151
Erdhummel, Dunkle 171, 204
Erdrauch 101, 103
Erle 130
Eschscholzia californica 25, 201
Etagen 74
Euphrasia rostkoviana 222
Exothecium 134
extrors 132

Fächel 92
Farben 192
Farbmal 202, 205
Farnsporangien 40
Faserschicht 134
Fegewerkzeug 169
Feigenbaum 220
Feld-Rittersporn 203
Fibonacci-Zahlen 72, 73, 81, 82
Fichte 141
Fichte, Blütenstand 51
Ficus carica 220
Filament 63
Fingerhut, Roter 77, 103, 222, 230
Flavonoide 198, 200, 201
Fleckenmal 209
Fledermausbestäubung 158
Fliegenblume 225
Fliegen-Ragwurz 217
Flockenblume, Berg- 118, 176
Flora 14, 17
Floralia 14
Flughunde 158
Flugmuskulatur, indirekte 177
Formenfülle 34
Formtypen 226
Fotosynthese 12
Fremdbestäubung 124
Fremdgehen 123
Frisch, Karl von 197
Fruchtblatt 63, 68, 69
Fruchtblattkreis 74
Früchtchen 69
Fruchtknoten 63, 68, 69
Fruchtknotenwand 69
Fruchtpflanzen 49
Fruchtreife 71
Fructose 179
Frühlings-Anemone 230
Frühlings-Platterbse 33
Fuchs, Leonhart 24
Fumaria sp. 101, 103
Fünfeck 83
Fünf-Reiche-System 37
Futterhaare 229

Gagea sp. 64
Galanthus nivalis 65, 66, 77, 94
Galium odoratum 73
Gamander, Berg- 89
Gametangien 40, 42
Gameten 40, 42
Gametophyt 40, 42
Gametophyt, männlicher 70
Gänseblümchen 54, 98
Garten-Krokus 13, 73
Garten-Lilie 15
Gartenschwebfliege 194
Gästeliste 155
Gauchheil, Acker- 203
Gauchheil, Blauer 90, 91
Gauklerblume 173
gedreht 78
Geißblatt 79
Generationswechsel 42
Genista 22
Genista sp. 78
Gentiana spp. 78, 221
Gentransfer, vertikaler 122
Geranium 94
Geranium pratense 204, 208
Geranium sanguineum 233
Geschlechterverteilung 231
Geschlechtlichkeit 33
Geschlechtseinrichtungen 26
Geschlechtsorgane Blüte 66
Geschlechtszellen 40, 66
Gestaltlehre, vergleichende 106
Gezeitenströme 129
Gilbweiderich 190, 191, 204
Ginster 78
Gladiole 64
Glatthafer, Wiesen- 140
Globularia elongata 124
Glockenblume 77, 175, 221, 223
Glückwünsche 18
Glucose 179
Goethe, Johann Wolfgang 26, 35
Gogh, Vincent van 20
Goldener Schnitt 82, 83
Goldmohn 25
Goldmohn, Kalifornischer 201
Goldrute, Kanadische 186
Goldstern 64
Gonepteryx rhamni 188
Graslilie, Astlose 91
Grew, Nehemiah 137
Griffel 63
Griffelkanal 149
Großblume, lohnende 206
Grundorgane 61
Gymnospermae 49
Gynözeum 63

Habichtskraut 109
Habichtskraut, Orangerotes 15
Hahnenfuß 185, 221
Hahnenfuß, Asiatischer 107
Hainbuche 130
Hainschwebfliege 161
Hamamelis mollis 65
Hamamelis sp. 63
Haplophase 42
Hasel 140, 143, 148
Hasenglöckchen 94, 131
Heidekrautgewächse 136
Helianthemum spp. 173
Helianthus annuus 108, 206
Helleborus sp.
Hemerocallis spp. 103
Hepatica nobilis 203
Heracleum mantegazzianum 111, 113
Heracleum sphondylium 207
Herbst-Anemone 18
Herbstaster 108
Herbst-Zeitlose 64, 113
Herz, Tränendes 98, 99
Heterostylie 234
hexamer 77
Hieracium aurantiacum 15
Hieracium sp. 109
Himmelsleiter 130, 230
Hippocrepis comosa 36
Hirschzungenfarn 41
Hofmeister, Friedrich Wilhelm 45
Holunder 79
Holunder, Schwarzer 123
Honigbeutler 179
Honigbiene 169
Honigglas 180
Hornklee, Wiesen- 173
Hornkraut 127
Horn-Veilchen 184, 208
Hortensie 206
Hufeisenklee 36
Hummelblume 225
Hummelschwebfliege 186
Hyacinthoides non-scripta 131
Hydrangea spp. 206
Hydrogamie 127

Immenblatt 222
Immergrün 78
Impatiens spp. 183
Infloreszenzen 91
Integument 69
Internodien 72
introrს 132
Inzestverbot 123
Iris germanica 229
Iris pseudacorus 22, 23, 91
Iris sibirica 35
Iris sp. 77
Iris-Blüte 23

Jahreszeitengliederung 114
Johannisbeere 182
Judasbaum 78
Juglans regia 147
Juncaceae 130
Jungius, Joachim 106
Käferblume 225
Kamille 109
Kamille, Echte 17
Kartäuser-Nelke 196
Katzenminze 24
Kelch 62
Kelchblatt 63
Kelchblattkreis 74
Kerria japonica 104
Kesselfalle 214, 216
Keulen-Bärlapp 45
Kidnapping 216
Kiefer, Berg- 140, 141
Kiefer, Schwarz- 120
Kiefer, Wald- 141
Kirschbaum 178
Kirsche, Vogel- 221
klappig 78
Klasseneinteilung 26
Klatsch-Mohn 11, 165
Klebepollen 152
Kleidervögel 158
Kleinling 110
Knabberzeug 165
Knoten 72
Knuth, Paul 155
Kohäsionszug 134, 136
Kolben 92
Kolibris 157
Kollektivblüte 91
Kölreuter, Joseph Gottlieb 26
Königin der Nacht 110
Königskerze 73
Königskerze, Schwarze 228
Königswappen 22
Konnektiv 68
Konsumenten 164
Kontrastprogramm 201, 203, 204
Korbblütengewächse 176
Körbchen 92, 151
Kornrade 67, 204
Krabbenspinne 205
Kräuterbücher 24
Kreuzkraut 109
Krokus 64, 65
Krokus, Garten- 13, 73
Kronblatt 63
Kronblattkreis 74
Krone 62
Küchenschelle 230
Kuckucks-Lichtnelke 221
Kugelblume 124
Kundentäuschung 228

Lagarosiphon major 129
Lamium maculatum 95
Lamium purpureum
Landehilfe 203
Landeplatzmarkierung 209
Lathyrus latifolius 91
Lathyrus sp. 77
Lathyrus vernus 33
Lavatera trimestris 221
Leberbalsam 109
Leberblümchen 203
Legousia speculum-veneris 203
Lein, Blauer 229
Lein, Echter 208
Lein, Großblütiger 122
Leinkraut 230
Leinkraut, Mauer- 43, 196
Leitplanke 208
Lenkhilfe 203
Lerchensporn 103
Lerchensporn, Gelber 77
Leucojum vernum 94
Lichtnelke, Kuckucks- 221
Lichtnelke, Rote 232
Lichtnelke, Weiße 215
Liguliflore 54
Ligusterschwärmer 186
Lilie 64
Lilie, Bourbonen- 22
Lilie, Garten- 15
Lilium 22
Lilium sp. 15, 64
Linaria spp. 230
Linienmuster 208
Linné, Carl von 26, 36, 217
Linum grandiflorum 122
Linum perenne 229
Linum usitatissimum 208
Lippe 64
Lippenblume 222, 223
Lippenblütengewächse 99
Lippenmal 209
Livia, Villa der 16
Lobelia erinus 230
Lobelie, Blaue 230
Lochner, Stefan 20
löffelig 78
Lonicera sp. 79
Lotosblume 107
Lotus corniculatus 173
Löwenmäulchen 230
Löwenzahn 20, 54
Lungenkraut 199
Lungenkraut, Geflecktes 34
Lupine 173
Lupinus polyphyllus 173
Lycopodium clavatum 45
Lysimachia spp. 190, 191, 204
Lythrum salicaria 235

Macroglossum stellatarum 186, 187
Mädchenauge 209
Magnolie 33
Magnolienblüte 51
Magnoliopsida 139
Mahonia aquifolium 172
Mahonie 172
Malpighi, Marcello 106, 107,137
Malva sylvestris 27
Malve, Wilde 27
Maniola jurtina 186
Märzenbecher 94
Maskenblume 222, 223
Massenwurfsendung 130
Maßliebchen 108
Matricaria recutita 17
Matricaria sp. 109
Mauerblümchen 196
Mauer-Leinkraut 43, 196
Mauerraute 40
Megagametophyt 69

Megaprothallium 48
Megasporangium 48, 68
Megaspore 48
Megasporophyll 45, 48
Mehl-Primel 204
Meilenrekorde 180
Meiosporen 42
Melittis melissophyllum 222
Mendel, Gregor 26
Mensch, hängender 99
Meranthium 52
Micropteryx calthella 168
Miere, Vogel- 183
Mikroprothallium 48
Mikropyle 69
Mikrosporangium 48, 68
Mikrosporen 68
Mikrosporophyll 45, 48
Mimulus spp. 173
Missing Link 43
Misumena vatia 205
Mittagsblume 199
Mogelpackung 228
Mohn, Klatsch- 11, 165
Mohn, Schlaf- 107
Monet, Claude 20
Monochasium 92
monoklin 231
monosymmetrisch 94
Monoterpene 212
monözisch 231
Moosfarn 43, 44
Moschuskraut 78
Mühlradstellung 84
Muscari sp. 94, 95
Myosotis sp. 202

Nachtasyl 219, 220
Nachtschatten 78
Nachtschatten, Schwarzer 77
Nacktfarne 46
Nacktsamer 49, 130
Nacktsamerbestäubung 144
Nadelhölzer 130
Nährgewebe 149
Nahrungserwerb 164
Nährwert Pollen 167
Narbe 63
Narbenreaktion 173
Narcissus pseudonarcissus 77
Narzisse 77
Natternkopf 187
Nectariniidae 157
Nektar 178
Nektarangebot 182
Nektarblätter 184
Nektardiebstahl 169, 187
Nektarien, (intra)florale 178
Nektarien, extraflorale 178
Nektarium 183
Nektartütchen 182, 184, 185
Nektartypen 185
Nektarvögel 157
Nelke, Kartäuser- 196
Nelke, rote 19
Nelumbo nucifera 107
Nepeta cataria 24
Nerium oleander 84
Niedere Pflanzen 38
Nigella spp. 184
Nodien 72
Normalversion 108
Nucellus 48
Nudelteigspritze 173
Nuphar lutea 78, 106
Nymphaea alba 99, 106

Obstbaumblüte 116
Ochsenauge, Großes 186
Öl, fettes 190
Oleander 84
Ophrys insectifera 217
Ophrys sphegodes 100
Ophrys vernixia 217
Orchideenblüte, Aufbau 64
Orchis, Affen- 99
Organigramm 164
Organverbund 94
Orlaya grandiflora 206, 207
Osmophoren 213
Ovar 68, 69

Palmfarne 49
Pantoffelblume 190
Päonie 166, 167
Papaver rhoeas 11, 165
Papaver somniferum 107
Pappel, Zitter- 144
Paulownia tomentosa 55
Pelorie 102, 103
Pentagon 83
Pentagramm 83
pentazyklisch 74, 77
Perianth 63
Perigon 64, 65
Perigonblätter 64, 65
Petalum 63
Pfefferstreuer-Prinzip 136
Pflanzen, grüne 12
Pflanzen, Niedere 38
Pflanzenevolution 46
Pflanzengeschlecht 33
Phänologie 114
Phenoloxidase 169
Phenylpropane 212
Phidias 82
Picea abies 51, 141
Pinselkäfer 151, 167
Pinus mugo 140, 141
Pinus nigra 120
Pinus sylvestris 141
Pistillum 63
Plantagenet 22
Plantago major 72
Plastidenfarbstoffe 198
Platterbse 77
Platterbse, Breitblättrige 91
Platterbse, Frühlings- 33
Plazenta 69
Plünderer 169
Poaceae 130
Polachsenlänge 137
Polemonium coeruleum 130, 230
Polkerne 70
Pollen 68
Pollen als Nahrung 166
Pollen, der 125
Pollenallergiker 148
Pollenauftrag, elektrostatisch 177
Pollenblume 165
Pollenbürste 151
Pollendepot 141
Pollenfarben 171
Pollenkamm 151
Pollenkitt 152
Pollenkorndurchmesser 137
Pollenkornform 137
Pollenmassen, angeschwemmte 142
Pollenpräsentation, primäre 174
Pollenpräsentation, sekundäre 175, 176
Pollenproduktion 141, 148
Pollensack 48, 68, 125
Pollensackwand 134
Pollenschlauch 48, 149
Pollenschlauchkern 70
Pollenschlauchwachstum 138
Pollenübertragung 154, 164
Pollenvektoren 125
Pollenverbreitung, abiotische 125
Pollination 125
Pollinium 64
Polypodium vulgare 40
Populus tremula 144
Primärproduzent 164
Primel 77
Primel, Mehl- 204
Primel, Wiesen- 133
Primel-Arten 234
Primula farinosa 204
Primula spp. 77, 234
Primula veris 133
Primula-Hybriden 205
Proterandrie 234
Prothallium 40
Prothalliumzelle 70
Protogynie 234
Prunus avium 221
Prunus spinosa 18, 133
Prunus spp. 178
Pseudanthien 207
Pteridium aquilinum 178
Pulmonaria officinalis 34, 199
Pulsatilla vulgaris 230
Pumpmechanismus 176
Puppenorchis 99
Pusteblume 235
Pyrus communis 178
Pythagoras 83

Queller 127, 129
Quirle 73

Rachenblume 222, 223
Rachenblütengewächse 99
radiärsymmetrisch 77
Rafflesia 110, 111
Rafflesia arnoldii 110, 111
Ragwurz, Spinnen- 100
Ranunculus asiaticus 107
Ranunculus spp. 185, 221
Ranunkelstrauch 104
Raps 77

Receptaculum 63
Reiche, fünf 37
Reißverschluss 134
Rhododendron 136
Ribes spp. 182
Riedgräser 130
Riesen-Bärenklau 111, 113
Riesenbüten 110
Riesen-Schachtelhalm 39
Ringelblume 108
Ringmal 209
Ringsektoren 208
Rispe 92
Rittersporn, Feld- 203
Röhrenblume 221, 223
Röhrenblüte 54,108
Romanesco-Blumenkohl 29
Rosa pendulina 203
Rosa rugosa 204
Rose, Alpen- 203
Rose, Rote 21
Rose, Runzel- 204
Rosenkäfer 167
Rosmarin 132
Rosmarinus officinalis 132
Rosopsida 139
Rosskastanie 103, 207, 222
Rudbeckia sp. 108
Runzel-Rose 204
Ruppia spp. 127
Rüsselkäfer 90
Rüssellänge 186
Ruta graveolens 71, 77, 174

Saccharose 179
Saftmal 202, 205
Saint-Exupéry, Antoine de 164
Salbei, Wiesen- 132, 173
Salde 127
Salicornia spp. 127, 129
Salix caprea 166, 169
Salvia pratensis 132, 173
Sal-Weide 166, 169
Salz-Aster 192
Sambucus nigra 123
Sambucus sp. 79
Samenanlage 48, 68, 69, 149
Samenbildung 49
Samenfach 68
Samenpflanzen 49, 90
Scandianthus 46
Schachtelhalm, Riesen- 39
Schachtelhalme 49
Schalenblume 221
Schaumkraut 78
Scheibenblume 226
Scheinsaftblume 229
Scheinwasserpest 129
schief zygomorph 77, 94
Schimper, Karl 72
Schirmrispe 92
Schirmtraube 92
Schlaf-Mohn 107
Schlehe 18, 133
Schneeball, Wasser- 178, 207
Schneeglöckchen 65, 66, 77, 94
Schneerose 184, 185
Schnellmechanismus 173
Schnitt, Goldener 82, 83
Schwarz-Kiefer 120
Schwarzkümmel 184
Schwertlilie 64, 77
Schwertlilie, Deutsche 229
Schwertlilie, Sibirische 35
Schwertlilie, Sumpf- 22, 23
Scilla 94
Scilla bifolia 94
Scilla non-scripta 94
Scrophularia sp. 132
Seerose, Weiße 99, 106
Seerosengewächse 106
Seidelbast 221
Selaginella helvetica 43, 44
Selbstbefruchtung 123
Selbstbestäubung 123
Selenicereus grandiflorus 110
Senecio sp. 109
Sepalum 63
Signalaufgaben 209
Silberwurz 219
Silene dioica 232
Silene flos-cuculi 221
Silene latifolia 215
Silvianthemum 46
Solanum 94
Solanum nigrum 77
Solanum sp. 78
Solidago canadensis 186
Sommer-Adonisröschen 204
Sonnenblume 20, 105, 108, 206
Sonnendreher 219
Sonnenhut 108
Sonnenhut, Roter 208
Sonnenröschen 173
Sorbus torminalis 60
Spermakerne 70, 149
Spermatophyten 49
Sphinx ligustri 186
Spiegel-Ragwurz 217
spiegelsymmetrisch 77
Spiegelungsebene 99
Spinnen-Ragwurz 100
Spirale, Konstruktion 81
Spirre 92
Spitz-Ahorn 182
Sporangien 40
Sporn 64
Spornblume 98
Sporophyllähre 43, 45
Sporophylle 39
Sporophyt 40
Sporopollenine 167
Sprengel, Christian Konrad 26, 28, 202, 205, 229
Springkraut 183
Sprossachsenende 62
Stamen 63
Staubbeutel 63
Staubbeutelöffnung 134
Staubblatt 48, 63
Staubblattattrappe 229
Staubblattbasis, reizbare 172,173
Staubblattbewegung 172
Staubblattkreis 74
Staubdusche 177
Staubfaden 63
Stechginster 22
Stellaria holostea 100
Stellaria media 183
Stempel 63
Stern von Madagaskar 186
Sternmiere, Große 100
Sternmiere, Vogel- 79
Stiefmütterchen 208
Stiefmütterchen, Acker- 19
Stieltellerblume 221, 223
Stigma 63
Stilrichtungen Blütenkrone 223
Stockrose 52, 208
Stoffleitungssystem 39
Stomium 134
Storchschnabel, Blutroter 233
Storchschnabel, Wiesen- 87, 204, 208
strahlig symmetrisch 94
Strandkamille 115
Streifenfarn, Braunstieliger 38,43
Streifenhörnchen 159
Strichmal 209
Strichmuster, radiale 208
Stylus 63
Sumpf-Blutauge 167
Sumpf-Schwertlilie 22, 23, 91
Sumpfwurz, Breitblättrige 65
Superblume 110, 206
Süßgräser 130
Symbol 20
Symmetrie 94
Symmetriebruch 98
Symmetrieebenen 94
Symmetrieverhältnisse 94
Symphytum officinale 77, 187
Synergiden 70
Syrphus ribesii 194

Tageslänge 62
Taglilie 103
Tankstelle 179
Taraxacum officinale 20
Taubenschwänzchen 186, 187
Taubnessel, Gefleckte 95
Taubnessel, Rote 77
Teichrose, Gelbe 78, 106
Tepalen 64

tetramer 77
tetrazyklisch 77
Teucrium montanum 89
Theka 68
Tierbestäubung 125
Titanenwurz 110, 159
Torflager 167
Tragblätter 91
transversal-zygomorph 77, 101, 103
Traube 92
Träubelhyazinthe 94
Trichius fasciatus 151, 167
Triheterostylie 235
trimer 77
trimonözisch 231
Tripleurospermum maritimum 115
Trochilidae 157
Trompetenbaum 207
Trugdolde 92
Tubuliflore 54
Tulipa 78, 94
Tulipa gesneriana 77
Tulipa sylvestris 65
Tulpe 57, 77, 78
Tulpe, Wild- 65
Tüpfelfarn 40

Ulex 22
Urmotten 168
UV-Licht 210
UV-Male 210
UV-Reflektivität 207, 210
UV-Tüchtigkeit 207, 210

Vakuole 200
valvat 78
valvat-implikativ 78
valvat-involut 78
Veilchen 183
Veilchen, Acker- 203
Veilchen, Horn- 184, 208
ventrifix 132
Venusspiegel 203
Verbascum nigrum 228
Verbascum sp. 73
Vergissmeinnicht 202
Verhütungsbiologie 231
Verlockungen 192
Veronica sp. 78
Veronica spp. 208
Verwachsungen 94
Viburnum opulus 178, 207
Vicia cracca 203
Villa der Livia 16
Vinca sp. 78
Viola 94
Viola arvensis 19, 203
Viola cornuta 184, 208
Viola spp. 183
Viola tricolor 77
Vogel, Stefan 190
Vogelbestäubung 157
Vogel-Kirsche 221
Vogel-Miere 183
Vogel-Sternmiere 79
Vogel-Wicke 203
Volucella bombylans 186

Wald-Kiefer 141
Waldmeister 73
Walnussbaum 147
Wappenzier 22
Wärmeinsel 219
Wasserbestäubung 127
Wasserpest, Amerikanische 127, 129
Wasser-Schneeball 178, 207
Wasserspiele 127
Wedelblätter 40
Wedelfarne 39
Wegerich, Breitblättriger 72
Wegwarte 109, 161
Weibchenattrappe 217, 218
Weichkäfer 151
Weide, Sal- 166, 169
Weidenröschen 77
Weidenröschen, Schmalblättriges 103, 233
Weinraute 71, 77, 174
Wespenblume 225
Wicke, Vogel- 203
Wickel 92
Wiesen-Bärenklau 207
Wiesen-Glatthafer 140
Wiesen-Hornklee 173
Wiesen-Primel 133
Wiesen-Salbei 132, 173
Wiesen-Storchschnabel 87, 204, 208
Wild-Tulpe 65
Wilson, Edward O. 29
Windbestäubung 125
Winde, Dreifarbige 203
Windröschen, Balkan- 59
Windtransport 148
Winkel 74
Winterling 184
Wirtel 73
Woese, Carl 37
Wolffia angustata 110, 111
Wolfsmilch 183
Xanthopan morgani 186
Zaubernuss 63, 65
Zeitlose, Herbst- 64, 113
Zelle, generative 70
Zielblüte 154
Zielscheiben-Prinzip 202
Zinnie 108
Zitronenfalter 188
Zitter-Pappel 144
Zooidiogamie 125
Zoophilie 150
Zostera spp. 127
Zuckergehalte 179
Zuckervögel 158
Zuckerzusammensetzung 179
Zungenblüte 54
Zwerglinse 110, 111
Zwergmispel 79
Zwiebel 64
zwittrig 231
zygomorph 94, 77
Zygote 42